中国劳动关系学院“十四五”研究生规划教材

劳动安全与风险管理

任国友　杨鑫刚　主　编

北京理工大学出版社
BEIJING INSTITUTE OF TECHNOLOGY PRESS

内容简介

本书主要是面向公共管理（公共安全管理、劳动教育管理领域）MPA研究生、劳动教育以及安全工程、职业卫生工程和应急技术与管理等本科专业学生而编写的。全书共分八章，分别是：第一章劳动风险管理基础、第二章劳动保护基准制度、第三章劳动风险因素识别、第四章劳动安全文化、第五章劳动教育安全保障机制、第六章劳动教育基地风险评估方法、第七章数字劳动风险治理和第八章劳动安全类案例研究实践。

图书在版编目（CIP）数据

劳动安全与风险管理 / 任国友，杨鑫刚主编．
北京：北京理工大学出版社，2025.1.
ISBN 978-7-5763-4966-5

Ⅰ．X9

中国国家版本馆CIP数据核字第2025BB7703号

责任编辑： 江　立　　**文案编辑：** 江　立
责任校对： 周瑞红　　**责任印制：** 施胜娟

出版发行 / 北京理工大学出版社有限责任公司
社　　址 / 北京市丰台区四合庄路6号
邮　　编 / 100070
电　　话 / （010）68914026（教材售后服务热线）
（010）63726648（课件资源服务热线）
网　　址 / http://www.bitpress.com.cn

版 印 次 / 2025年1月第1版第1次印刷
印　　刷 / 三河市华骏印务包装有限公司
开　　本 / 787 mm×1092 mm　1/16
印　　张 / 13
彩　　插 / 1
字　　数 / 268千字
定　　价 / 79.00元

前　言

劳动是发生在人与自然界之间的，以人自身的活动来引起、调整和控制人与自然之间物质变换的过程。马克思主义劳动观认为，劳动是以人作为主体的有目的地认识和改造自然的能动活动。新时代中国特色社会主义劳动观认为，劳动是人类的本质活动，是推动社会进步的根本力量，是人类发展的必经之路。2018 年 4 月 30 日，习近平总书记给中国劳动关系学院劳模本科班学员的回信中指出，劳动最光荣、劳动最崇高、劳动最伟大、劳动最美丽。劳动是创造美好生活的源泉，也是实现个人价值和社会进步的重要途径。从历史变迁的视角来看，我国经历劳动保护到安全生产监管，再到应急管理、风险管理的发展路径。劳动根植于中华传统文化，是中华民族的传统美德和宝贵财富。劳动不仅是个体生存和发展的基础，更是社会进步和繁荣的源泉。在中华传统文化中，劳动被赋予了崇高的价值，被视为创造美好生活的根本途径，也形成了中国特色的社会主义劳动文化。从古到今，人类非常重视劳动安全与风险管理。

中国作为世界文明古国，具有悠久的劳动文化传统。在我国风险（Risk）一词是舶来品，而在汉语语境中常说“危险”“隐患”“危机”。我国风险管理研究始于 20 世纪 80 年代，风险管理和安全系统工程理论引入中国相对较晚。2007 年 6 月，经 ISO 技术管理局风险管理工作组第四次工作会议的激烈讨论，最终采纳了我国专家代表提出的“风险”定义：不确定性对目标的影响（Effect of Uncertainty on Objectives）。2009 年 9 月 30 日，国家质量监督检验检疫总局、中国国家标准化管理委员会发布《风险管理原则与实施指南》（GB/T 24353—2009）。2009 年 11 月 15 日，国际标准化组织（ISO）正式公布了 ISO 31000《风险管理 原则与实施指南》国际标准。2018 年以来，党中央、国务院、教育部在“五育融合”方面出台的一系列政策文件，劳动教育上升为国家战略。习近平总书记 2018 年在全国教育大会上指出，要努力构建德智体美劳全面育人的教育体系。2020 年 3 月 20 日，中共中央、国务院发布《关于全面加强新时代大中小学劳动教育的意见》；2020 年 7 月 7 日，教育部印发《大中小学劳动教育指导纲要（试行）》；2020 年 10 月，中共中央国务院印发《深化新时代教育评价改革总体方案》；2022 年 4 月 8 日，教育部印发《义务教育劳动课程标准（2022 年版）》；2022 年 10 月 12 日，国家市场监督管理总局、国家标准化管理委员会发布《风险管理 指南》（GB/T 24353—2022/ISO 31000：2018）替代了 GB/T 24353—2009《风险管理 原则与实施指南》并提出，风险管理是指导控制组织与风险的相关活动。而在国际上，风险管理一词最早起源于美国，萌芽于 20 世纪 30 年代。在当时因受到 1929—1933 年的世界性经济危机的影响，美国有40%左右的银行和企业破产，经济倒退了约20年。1938年以后，美国企业对风险管理开始采用科学的方法，并逐步积累了丰富的经验。20世纪50年代风险管理发展成为一门学科，风险管理一词才形成。20世纪70年代以后逐渐掀起了全球性的风险管理运动。1983年在美国召开的风险和保险管理协会年会上，通过了"101条风险管理准则"，标志着风险管理的发展已进入了一个新的发展阶段。1986年，由欧洲11个国家共同成立的"欧洲风险研究会"将风险研究扩大到国际交流范围。1986年10月，风险管理国际学术讨论会在新加坡召开，风险管理已经由环大西洋地区向亚洲太平洋地区发展。1996年，全球风险管理专业人士协会（Global Association of Risk Professionals，GARP）成立，主要服务于银行、证券公司、保险公司等，并推广到世界各地。总之，当前劳动风险大数据评估成为学术界和业界关注的焦点问题，开展劳动安全与风险管理研究意义重大。

中国劳动关系学院是全国最早开设劳动保护专业的高校之一。1984年，创办劳动保护专业，并于1985年招收劳动保护专业第一届学生。1985年9月14日，院长办公会第24次会议决定：撤销培训部，成立工会学系、劳动保护系。2002年，劳动保护专业更名为劳动安全卫生专业。2012年，学校开展公共管理专业学位硕士研究生教育。2016年，安全工程系开展公共管理（公共安全管理领域）研究生教育。2018年4月30日，习近平总书记给中国劳动关系学院劳模本科班学员亲切回信。2019年，成立劳动教育中心。2020年，劳动教育学院开展公共管理（劳动教育管理领域）研究生教育。2021年，劳动教育中心更名为劳动教育学院（劳动教育研究院），成为开展劳动教育管理研究生教育的第一所高校，进一步彰显了学校劳动+学科专业群的特色育人品牌。

本书正是依据学生全程参与案例教学法的原理，从劳动安全的基础知识（劳动保护基准制度、劳动风险因素识别）、劳动风险管理的基础理论（劳动安全文化、劳动教育安全保障机制、劳动教育基地安全风险评估方法）、劳动风险管理的案例实践（数字劳动风险治理、劳动安全类案例研究）三个核心知识点建构了劳动安全与风险管理的课程体系。全书共分八章，各章主要内容简介如下：

第一章　劳动风险管理基础。主要介绍中国劳动保护制度变迁、劳动风险管理理论和劳动风险研究基本趋势。

第二章　劳动保护基准制度。主要介绍劳动基准制度、劳动保护制度和工会劳动保护监督制度。

第三章　劳动风险因素识别。主要介绍生产作业过程中的职业病危害因素识别、生产事故致因分析方法和隐患排查方法。

第四章　劳动安全文化。主要介绍劳动安全文化发展历程、劳动安全文化的特征与功能和劳动安全文化的主要形式。

第五章　劳动教育安全保障机制。主要介绍劳动教育风险类型及其安全保障机制。

第六章　劳动教育基地风险评估方法。主要介绍劳动教育基地安全风险类型化分析、风险评估指标及评估方法。

第七章　数字劳动风险治理。主要介绍数字劳动风险提出背景和数字劳动下网约车司机职业风险分析。

第八章　劳动安全类案例研究实践。主要介绍劳动安全类案例研究、案例式论文的撰写要求及案例实例编写实践。

本书的部分内容为2024年北京高等教育本科教学改革创新项目“安全工程国家一流专业‘知安爱劳’特色人才培养实践”（京教函［2024］538号）、安全工程国家级一流本科专业建设项目、中国劳动关系学院2023年研究生混合式精品课程和教材建设立项项目“劳动安全与风险管理”（项目编号：YJJC2304）的阶段性成果。

当前，对劳动风险问题的探索刚刚起步，其中相关的内容问题很多，本书的编写只是劳动风险管理理论与实践的初步总结，难免存在疏漏、不当之处，敬请读者多提宝贵意见。

最后，感谢每一位《劳动安全与风险管理》的读者，如果你们在阅读过程中发现任何不妥或需要改进之处，欢迎与我们联系，以便通过大家的共同努力，不断完善教材内容。

任国友
于北京西城

目　录

第一章

劳动风险管理基础

劳动风险管理基础包括中国劳动保护制度变迁、风险管理理论基础和劳动安全与风险管理研究趋势。从劳动安全与风险管理的可视化分析视角，研判中国劳动保护制度的变迁和发展趋势，中国职业安全健康工作实现了工会监督、劳动监察、职业病防治和应急管理机制体制法制的转变。

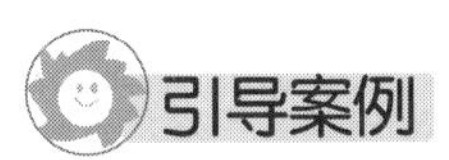

农民工张海超“开胸验肺事件”

2004 年 8 月，河南新密市人张海超被多家医院诊断出患有“尘肺”，但由于这些医院不是法定职业病诊断机构，所以诊断“无用”。而由于原单位拒开证明，他无法拿到法定诊断机构的诊断结果，最终只能以“开胸验肺”的方式为自己证明。这个事件被称为“开胸验肺事件”。从 2008 年 10 月起，农民工张海超被北京协和等多家医院认定为：尘肺，职业病。2009 年 5 月，张海超在新密市信访局协调下，在郑州市职防所拿到了“无尘肺 0 + 期（医学观察）合并肺结核”的鉴定结果。因前后检查结果相悖，为证明自己患有尘肺病，同年 6 月，张海超冒险在郑州大学一附院进行了“开胸验肺”，结果是“尘肺合并感染”。但仍不被郑州市职防所承认，因当时的《中华人民共和国职业病防治法》（以下简称《职业病防治》）规定，具有职业病鉴定资格的医疗单位才具备出具鉴定结果的法定资质。此事件经多方媒体报道后引起了社会各界的广泛关注。2009 年 7 月，在卫生部督导下，郑州市职业病防治所最终做出了张海超“尘肺病Ⅲ期”的鉴定结果，张海超拿到了 61.5 万元的赔偿款。

资料来源：李亮辉. 从“十三连跳”到“开胸验肺”：透视企业劳动安全卫生保障——以中国劳动安全卫生法律发展为视角（2005—2015 年）[J]. 中国卫生事业管理，2016，33（10）：761 - 765.

【案例思考】

（1）农民工张海超为什么要“开胸验肺”？该事件发生的深层次原因是什么？

（2）生产企业劳动安全与职业卫生保障实施过程中存在哪些典型问题？

（3）农民工群体的劳动条件对其职业风险有何影响？如何评估农民工的职业风险？

第一节 中国劳动保护制度变迁

制度变迁是指制度创立、变更及随着时间变化而被打破的方式①。中国劳动保护制度变迁是指有关职业安全健康方面的制度创立、变更及随着时间变化而被打破的方式②。在我国，可以从工会监督、劳动监察、职业病防治和应急管理四个视角认识中国劳动保护制度变迁和发展历程。

一、工会监督视角：从工会劳动保护部到劳动和经济工作部

劳动保护是为了保障劳动者在生产劳动过程中的安全与健康，从法律、制度、组织管理、教育培训、技术、设备等方面采取的一系列综合措施。劳动保护的概念由恩格斯于1850年在《10小时工作制问题》中首次提出。1918年俄共党章草案把劳动保护列为党纲第十条。在我国劳动保护首次提出是在1925年第二次全国劳动大会的决议案中，并非直接起源于1922年5月1日的第一次全国劳动大会。虽然劳动保护的概念和措施在工人运动中逐渐得到重视和推动，但劳动保护作为一个专门的法律概念和管理制度，其起源和发展是一个更为复杂和漫长的过程。在中华人民共和国成立前，由于中国共产党领导的工人运动的推动，北洋政府农商部于1923年公布了《暂行工厂通则》，内容包括最低的受雇年龄、工作时间与休息时间，对童工和女工工作的限制及工资福利等规定。这是中国最早的关于劳动保护的法规之一。然而，第一次全国劳动大会对于劳动保护的发展具有重要影响。该大会于1922年5月1日至6日在广州举行，由中国劳动组合书记部发起，代表了当时中国工人阶级的利益和诉求。大会接受了中国共产党提出的“打倒帝国主义”和“打倒封建军阀”的政治口号，并通过了《八小时工作制》《罢工援助》和《全国总工会组织原则》等决议案。这些决议案体现了对工人阶级权益的保护和对劳动条件的改善要求，为后来的劳动保护立法和制度建设奠定了基础。

1921年8月，为了集中力量领导中国工人运动，中共中央在上海成立中国劳动组合书记部。1922年5月1日，中国劳动组合书记部发起召集了第一次全国劳动大会。

1925年5月1日，第二次全国劳动大会在广东大学礼堂开幕，正式成立了中华全国总工会并成立了全总执行委员会，选举林伟民为委员长，下设劳动保护部门，现更改为劳动和经济工作部（中国职工技术协会办公室）。中华全国总工会是中国共产党领导的职工自愿结合的工人阶级群众组织，由中国共产党中央委员会书记处领导。大会的中心任务是：讨论确定国民革命中工人运动的策略、方针和建立全国统一的工会组织。会上通过了《工人阶级与政治斗争的决议案》《组织问题决议案》和《中华全国总工会总章》等30多个文件。大会还决定中华全国总工会加入赤色职工国际，以加强与世界无产阶级之间的联系与团结。

---

① 诺斯. 经济史中的结构与变迁［M］. 上海：上海三联书店，上海人民出版社，1994.

② 张秋秋. 新常态下中国职业安全与健康规制研究［M］. 北京：经济科学出版社，2018.

1926 年 5 月 1 日，第三次全国劳动大会在广州召开。大会通过了《关于中国职工运动的发展及其在国民运动中之地位执行的决议》《劳动法大纲决议案》等 30 多个文件。大会号召全国工人阶级、全国 699 个总会和分会积极行动起来，为迎接和支援北伐战争的胜利进军做好准备。大会选出新的一届执委会。

1927 年 6 月 19 日，第四次全国劳动大会在汉口召开。大会的中心任务是动员和组织工人阶级团结各阶层人民，反对帝国主义的破坏和国民党右派的政变，以挽救革命。会议通过了《政治报告决议案》《国民革命的前途和工会的任务》《女工问题决议案》《童工问题决议案》《反法西斯主义及对法西斯工会斗争决议案》等 13 个决议案，并发表了大会宣言。大会选举了新的全总执委会。

1929 年 11 月 7 日，第五次全国劳动大会在上海召开。中共中央向大会发来祝词，项英代表全总作了报告。大会通过了《中华全国工人斗争纲领》《工会联合决议案》《农村工人工作大纲决议案》等 12 个决议案及《告红军将士书》《致赤色职工国际及世界各国工人书》等 13 项通电。大会选举了新的全总执委会。

1948 年 8 月 1 日，第六次全国劳动大会在哈尔滨召开。大会总结了新民主主义革命时期白区和革命根据地的工人运动的经验，制定了正确的工运方针和政策，在中国工运史上起着承上启下的作用。大会认真听取并着重讨论了陈云《关于中国职工运动的当前任务》的主题报告等。大会还通过了新的《中华全国总工会章程》，决定恢复具有光荣革命传统的中华全国总工会。朱学范向大会致闭幕词时说，这次大会不仅在组织上是统一的，在意志上、思想上、精神上、行动上也都是统一的。大会选举产生了第六届执委会。

1953 年 5 月 2 日，中国工会第七次全国代表大会在北京召开。大会通过了《关于中国工会工作的报告》《关于修改中国工会章程的报告》的决议及《关于拥护世界工会联合会召开世界工会第三次代表大会的决议》。（全总六届三次执委会决议，将第七次全国劳动大会改为中国工会第七次全国代表大会。）

1957 年 12 月 2 日，中国工会第八次全国代表大会在北京召开。大会重申了“七大”制定的工会方针，进一步明确了工人阶级当时的中心任务，即努力发展工业，积极支援农业，集中力量执行即将开始的第二个五年计划。大会通过了《关于中国工会工作的报告》《关于修改中国工会章程的报告》和《中国工会章程》等决议。新的工会章程规定，工会的组织原则由原来的产业原则，改为产业和地方相结合的原则。

1978 年 10 月 11 日，中国工会第九次全国代表大会在北京召开。大会总结了工会“八大”以来中国工人运动和工会工作曲折发展的历史经验和教训，制定了新时期工人运动和工会工作的基本方针和任务。邓小平代表中共中央、国务院向大会致词。大会讨论通过了《中国工会工作报告》《关于修改中国工会章程的报告》和《中国工会章程》。

1983 年 10 月 19 日，中国工会第十次全国代表大会在北京召开。大会回顾和总结了工会“九大”以来中国工人运动和工会工作取得的辉煌成绩，肯定了中国工会组织按照党的方针，在指导思想上拨乱反正、团结和引导广大职工前进的一系列工作，并讨论确定了新时期工人运动和工会工作的方针任务。大会通过了新的《中国工会章程》。

1988 年 10 月 22 日，中国工会第十一次全国代表大会在北京召开。大会的主要任务是贯彻中共“十三大”和党的十三届三中全会精神，总结工会“十大”以来中国工会运动和工会工作的新鲜经验，提出工会在全国深化改革中的主要任务，确定工会改革目标、原则和要求。大会通过了《关于全国总工会第十届执行委员会工作报告》《工会改革的基本设想》《关于〈中国工会章程部分条文修正案〉的决议》和《关于全国总工会第十届执委会财务工作报告的决议》等 4 项决议。

1993 年 10 月 24 日，中国工会第十二次全国代表大会在北京召开。大会明确提出一个时期工会工作的方针，即坚定不移地贯彻执行党的以经济建设为中心、坚持四项基本原则、坚持改革开放的基本路线，在维护全国人民总体利益的同时，要更好地表达和维护职工群众的具体利益，全面履行各项社会职能，团结和动员全国职工，为实现社会主义现代化国家而努力奋斗。大会通过了《关于全总第十一届执委会工作报告的决议》《关于〈中国工会章程部分条文修正案〉的决议》等 4 项决议。

1998 年 10 月 19 日，中国工会第十三次全国代表大会在北京召开。大会明确了五年工会工作必须遵循的指导方针，即高举邓小平理论伟大旗帜，全面贯彻党的“十五大”精神，坚持基本路线和基本纲领，坚定不移地推动全心全意依靠工人阶级方针的落实，突出工会的维护职能，团结动员全国各族职工为实现中国跨世纪宏伟目标而努力奋斗。会议表决通过了《关于全国总工会第十二届执行委员会工作报告的决议》《关于〈中国工会章程〉（修正案）的决议》等 4 项决议。

2003 年 9 月 22 日，中国工会第十四次全国代表大会在北京召开。大会明确提出，高举邓小平理论伟大旗帜，以“三个代表”重要思想为指导，认真学习贯彻党的“十六大”精神，团结动员广大职工，充分发挥工人阶级主力军作用，为全面建设小康社会、加快推进社会主义现代化作出新的贡献，努力开创新世纪新阶段工会工作新局面。大会总结了工会“十三大”以来的主要成绩和基本经验，确定了五年工会工作的目标和任务，选举产生了中华全国总工会新的领导机构。大会审议并通过了全总十三届执委会报告、财务工作报告、经审工作报告，讨论并通过了《中国工会章程（修正案)》。

2008 年 10 月 17 日，中国工会第十五次全国代表大会在北京召开。大会总结了工会“十四大”以来的主要成绩和基本经验，确定了今后五年工会工作的目标和任务，选举产生了中华全国总工会新的领导机构。大会表决通过了关于全总十四届执委会报告的决议、关于《中国工会章程（修正案)》的决议、关于全总十四届执委会财务工作报告的决议和经审工作报告的决议。

2013 年 10 月 18 日，中国工会第十六次全国代表大会在北京召开。大会宣布了当选的中华全国总工会第十六届执行委员会主席、副主席、主席团委员、书记处书记名单和经费审查委员会主任、副主任、常委名单；表决通过了《关于中华全国总工会第十五届执行委员会报告的决议（草案)》、《关于〈中国工会章程（修正案)〉的决议

(草案)》、《关于中华全国总工会第十五届执行委员会财务工作报告的决议（草案)》和《关于中华全国总工会第十五届经费审查委员会工作报告的决议（草案)》。

2018 年 10 月 22 日，中国工会第十七次全国代表大会在北京召开。大会宣布了当选的全总第十七届执委会主席、副主席、主席团委员、书记处书记名单和经审会主任、副主任、常务委员名单；大会表决通过了《关于中华全国总工会第十六届执行委员会报告的决议》《关于〈中国工会章程（修正案)〉的决议》《关于中华全国总工会第十六届执行委员会财务工作报告的决议》和《关于中华全国总工会第十六届经费审查委员会工作报告的决议》。

2023 年 10 月 9 日，中国工会第十八次全国代表大会在北京召开。大会宣布了全总第十八届执委会主席、副主席、主席团委员、书记处书记名单和经审会主任、副主任、常务委员名单；大会表决通过了《中国工会第十八次全国代表大会关于中华全国总工会第十七届经费审查委员会工作报告的决议》《中国工会第十八次全国代表大会关于中华全国总工会第十七届执行委员会报告的决议》《中国工会第十八次全国代表大会关于中华全国总工会第十七届执行委员会财务工作报告的决议》《中国工会第十八次全国代表大会关于〈中国工会章程（修正案)〉的决议》。

二、劳动监察视角：从劳动保护司到人力资源与劳动保障部

1949 年 10 月 1 日，成立劳动部，下设劳动保护司，主要负责劳动保护（含安全生产)。各地方劳动部门设置了劳动保护处或劳动保护科，作为劳动安全卫生工作的专管机构。

从中华人民共和国成立到 1982 年劳动人事部门第一次合并，涉及人事与劳动者就业问题的政府机构设立与当时的政治形势密不可分。上溯到 1949 年 10 月，中央人民政府成立政务院人事局，这就是原国家人事部的前身。到 1950 年，中央人事部成立，安子文任部长。1954 年撤销中央人事部，成立国务院人事局。1959 年撤销国务院人事局，成立内务部政府机关人事局。1978 年 3 月，成立民政部政府机关人事局。1980 年，国务院决定将民政部政府机关人事局与国务院军队转业干部安置工作小组办公室合并，成立国家人事局，直属国务院领导。

原劳动保障部的前身要追溯到中央人民政府劳动部，成立于 1949 年 9 月，李立三任部长。此后，几经变动。1954 年 9 月成立劳动部，1970 年 6 月，中央决定劳动部并入国家计划委员会。1975 年 9 月，国务院决定将劳动工作从国家计划委员会分出，成立国家劳动总局。

到了 1982 年，政府机构达到 100 个之多，而当时的政治经济发展形势已经发生了很大的变化，机构改革势在必行。

1982 年之后，随着经济体制的逐步转变，涉及人事与劳动的机构几经调整，先合后分，以更好地适应社会主义市场经济的需求。

时光流转，党的十三届三中全会之后，确立了以经济建设为中心的建设思想，机构的设置与经济发展密切关联。到 1982 年，政府机构设置量达到最高峰。从此之后，

开始了六轮政府部门精简改革，分别是在 1982 年、1988 年、1993 年、1998 年、2003 年和 2018 年。1982 年第一次政府机构改革，主要任务就是将国务院 100 个工作部门精简到 61 个。1988 年和 1993 年，为了“政企分开，转变职能”又进行了两次机构改革。1998 年的机构改革，是力度最大的一次机构调整，国务院组成部门由 40 个减为 29 个。2018 年，国务院进行大部制改革。6 次精简改革，加强了国有企业部门和公共社会服务部门的管理，适应了中国社会经济的发展。

在这个过程中，与人、工作有关的机构开始了几次调整，目的是更好地适应社会主义市场经济的需求。1982 年 5 月，国家劳动总局、国家人事局、国家编办和国务院科技干部局合并成立劳动人事部，赵守一任部长。1988 年，根据国务院机构改革方案，劳动人事分离，并分别充实了其他功能后成立了人事部、劳动部，将原国家科委科技干部局并入人事部，适应党政分开和干部人事制度的改革，推行国家公务员制度，强化政府的人事管理职能。1998 年的机构改革，在劳动部基础上组建了劳动和社会保障部，把当时由劳动部管理的城镇职工社会保险、人事部管理的机关事业单位社会保险、民政部管理的农村养老保险、各行业部门统筹的养老保险以及卫生部门管理的公费医疗，统一由劳动和社会保障部管理，建立起统一的社会保险行政机构。为了实现人力资源强国战略，为了减少机构重叠、职能交叉与脱节现象，2008 年，本届政府推行大部制，人事与劳动保障成为首选的一批，人力资源与社会保障部应运而生。

2008 年 3 月 11 日，十一届全国人大一次会议第四次全体会议“国务院机构改革方案”审议通过，同时组建国家公务员局，由人力资源和社会保障部管理。不再保留人事部、劳动和社会保障部，同时成立国家公务员局，保留国家外国专家局，由人力资源和社会保障部管理。2008 年 3 月 31 日正式挂牌，而其官方网站也于同日开始运行。

2018 年 3 月，根据第十三届全国人民代表大会第一次会议批准的国务院机构改革方案，将人力资源和社会保障部的军官转业安置职责整合，组建中华人民共和国退役军人事务部；将人力资源和社会保障部的城镇职工和城镇居民基本医疗保险、生育保险职责整合，组建中华人民共和国国家医疗保障局。2018 年 3 月 31 日，第十一届国务院成立的第 13 天，在原中华人民共和国人事部与中华人民共和国劳动和社会保障部的基础上新组建的中华人民共和国人力资源和社会保障部正式挂牌。

三、职业病防治视角：从公共卫生局到国家卫生健康委员会

1949 年 11 月 1 日，中央人民政府卫生部成立，为中华人民共和国卫生部前身，下设公共卫生局，主要负责职业卫生。1950 年，卫生部公共卫生局改称保健防疫局。

1954 年 11 月 10 日，中央人民政府卫生部更名为中华人民共和国卫生部。

2013 年 3 月，根据第十二届全国人民代表大会第一次会议审议的《国务院关于提请审议国务院机构改革和职能转变方案》的议案，将卫生部的职责、国家人口和计划生育委员会的计划生育管理和服务职责整合，组建国家卫生和计划生育委员会；不再保留卫生部。

2018 年 3 月，根据第十三届全国人民代表大会第一次会议批准的国务院机构改革

方案，设立中华人民共和国国家卫生健康委员会。2018 年 3 月 27 日，新组建的国家卫生健康委员会正式挂牌。

四、应急管理视角：从安全生产监督管理局到应急管理部

人类要生存、要发展，就需要认识自然、改造自然，通过生产活动和科学研究，掌握自然变化规律。科学技术的不断进步，生产力的不断发展，使人类生活越来越丰富，但也产生了威胁人类安全与健康的安全问题。

1949 年 11 月召开的第一次全国煤矿工作会议提出“煤矿生产，安全第一”。

1952 年第二次全国劳动保护工作会议明确要坚持“安全第一”方针和“管生产必须管安全”的原则。

1970 年，劳动部并入国家计委，其安全生产综合管理职能也相应转移。这一阶段政府和企业安全管理一度失控。

1975 年 9 月，成立国家劳动总局，内设劳动保护局、锅炉压力容器安全监察局等安全工作机构。

1993 年，国务院决定实行“企业负责、行业管理、国家监察、群众监督”的安全生产管理体制。相继颁布了《中华人民共和国矿山安全法》（以下简称《矿山安全法》）和《中华人民共和国劳动法》（以下简称《劳动法》），以及工伤保险、重特大伤亡事故报告调查、重特大事故隐患管理等多项法规。

1998 年，国务院机构改革，原劳动部承担的安全生产综合监管职能交由国家经贸委行使。

1999 年 12 月 30 日，国家煤矿安全监察局成立。国家煤矿安全监察局是国家经贸委管理的负责煤矿安全监察的行政执法机构，承担现由国家经贸委负责的煤矿安全监察职能。国家煤矿安全监察局与国家煤炭工业局一个机构、两块牌子。国家煤炭工业局的有关内设机构加挂国家煤矿安全监察局内设机构的牌子。

2000 年年初，在国家煤炭工业局加挂国家煤矿安全监察局的牌子，成立了 20 个省级监察局和 71 个地区办事处，实行统一垂直管理。

2001 年 2 月，为适应我国安全生产工作的需要，进一步加强对安全生产的监督管理，预防和减少各类伤亡事故，经国务院批准组建国家安全生产监督管理局，与国家煤矿安全监察局一个机构、两块牌子。

2002 年 11 月，出台了《中华人民共和国安全生产法》（以下简称《安全生产法》），安全生产开始纳入比较健全的法制轨道。

2003 年，国家安全生产监督管理局改为国务院直属机构。

2005 年 2 月，根据《国务院关于国家安全生产监督管理局（国家煤矿安全监察局）机构调整的通知》（国发〔2005〕4 号），国家安全生产监督管理局调整为国家安全生产监督管理总局，规格为正部级，为国务院直属机构。

2018 年 3 月，第十三届全国人民代表大会第一次会议批准了《国务院机构改革方案》，组建应急管理部，不再保留国家安全生产监督管理总局。

2018 年 3 月，根据第十三届全国人民代表大会第一次会议批准的国务院机构改革方案，中华人民共和国应急管理部设立。

2018 年 11 月 9 日，中华人民共和国综合性消防救援队伍授旗仪式在人民大会堂举行。

2020 年 10 月 9 日，中国机构编制网公布了《中共中央办公厅 国务院办公厅关于调整应急管理部职责机构编制的通知》，该通知指出，应急管理部非煤矿山（含地质勘探）安全监管职责及相应编制等划出，安全生产基础司撤销，危险化学品安全监督管理司更名，增设危险化学品安全监督管理二司。

第二节　风险管理理论基础

一、风险基本概念界定

（一）安全及劳动安全

从一般意义上来说，“概念”是反映事物本质属性的思维产物，是逻辑思维的最基本单元和形式。特定的概念，是人们对与该概念相关的事物规律的认识。我国国家标准《术语工作 词汇 第 1 部分：理论与应用》（GB/T 15237. 1—2000）对“概念”的定义是：“对特征的独特组合而形成的知识单元”。到目前为止，我国学术界对“安全”的概念还缺乏统一的认识。

1. 概念争议

到目前为止，人类对安全的认识还存在很大的局限性，在各种文献资料中，关于“安全”有许多不同的定义。这里为了便于认识“安全”的概念，仅列出我国安全科学领域的部分学者所给出的几种有代表性的“安全”的定义。

定义 1：中国劳动关系学院崔国璋教授认为，安全是指客观事物的危险程度能够为人们普遍接受的状态。

定义 2：中国职业安全健康协会刘潜教授认为，安全是指人的身心免受外界因素危害的存在状态（健康状况）及其保障条件。

定义 3：中国安全生产科学研究院何学秋教授认为，安全是指人和物在社会生产生活实践中没有或不受或免除了侵害、损伤和威胁的状况。

定义 4：首都经济贸易大学毛海峰教授认为，安全是具有特定功能或属性的事物，在内部和外部因素及其相互作用下，足以保持其正常的、完好的状态，而免遭非期望损害的现象。

定义 5：《国家安全社区建设基本要求》（AQ/T 9001—2006）中的定义，安全是免除了不可接受的事故与伤害风险的状态。

定义 6：中国矿业大学（北京）傅贵教授认为，安全是风险可接受的状态。

定义 7：南开大学刘茂教授认为，安全是在人类生产过程中，将系统的运行状态对人类的生命、财产、环境可能产生的损害控制在人类能接受水平以下的状态。

2. 安全的定义

从上述分析可以看出，安全的现象不仅存在于生产安全领域，而且广泛存在于公共安全领域，不同领域的有关问题既然都被冠以“安全”二字，则其共同的安全规律应该是存在的。因此，安全科学的范畴应该具有足够的广泛性，能够将各种类型的安全问题包括在内，而不能仅仅“从人体免受外界因素（即事物）危害的角度出发”来进行研究和讨论。同样，对“安全”概念的认识也要突破现有的、以人身伤害为依据的思维模式，从更广泛的视角进行把握。只有这样，才能使安全科学摆脱局限于特定安全问题领域的束缚，从而建立在反映普遍安全规律的基础之上，安全科学的根基才能更加深入和牢固。2011 年 3 月 8 日，国务院学位委员会第二十八次会议通过的《学位授予和人才培养学科目录》，将“安全科学与工程”单列为一级学科（原仅是矿业工程下的二级学科，代码为 0837）。这迎来安全科学跨越式发展的又一个春天。

总之，在本书中，安全是在人类生产过程中，将系统的运行状态对人类的生命、财产、环境可能产生的损害控制在人类能接受水平以下的状态。

3. 劳动安全的定义

在本书中，劳动安全是指从业人员在劳动过程中，将系统的运行状态对从业人员的生命、财产、环境可能产生的损害控制在可接受水平以下的状态。

（二）风险及风险管理

1. 风险

（1）风险的定义。

《风险管理 术语》（GB/T 23694—2013）中，风险是指不确定性对目标的影响。其中，影响是指偏离预期，可以是正面的和/或负面的；目标可以是不同方面（如财务、健康与安全、环境等）和层面（如战略、组织、项目、产品和过程等）的目标；风险常具有潜在事件、后果或者二者结合的特征；通常用事件后果（包括情形的变化）和事件发生可能性的结合来表示风险；不确定性是指对一个事件、其后果或发生的可能性缺乏有关信息、了解或认识的完整状态或部分状态。风险源是指可能单独或共同引发风险的内禀潜在要素；风险管理是指在风险方面，指挥和控制组织的协调活动；风险评估是指包括风险识别、风险分析和风险评价的全过程；风险识别是指发现、辨认和描述风险的过程，主要包括风险源、事件、原因和潜在后果；风险分析是指理解风险特性、确定风险等级的过程；风险评价是指将风险分析的结果与风险准则相比较、以决定风险和/或其大小是否可接受或可容忍的过程；风险评估的实施是风险评估专业人士在掌握了风险管理基础知识后，进入实际操作而需掌握的具体实施步骤、内容和要求；风险地图是以风险事件发生可能性和事件后果所组成的二维平面上的地图。

（2）认识风险的三个变量。

目标、影响和不确定性构成了风险概念的三个变量，这三个变量的大小及其相互关系决定了风险是否存在以及风险的大小。准确、全面掌握这三个变量的内涵是正确、全面、深入认识风险概念的基础。

一是目标。风险术语的最新定义在阐述中明确与“目标”相连，这是本次对“风险”术语进行定义的最大亮点，也体现了在“风险管理领域”中定义“风险”这一术语的基本要求。就一个企业而言，其生存与发展需要五个要素：目标、市场需求、可利用资源、自身能力、环境，其安全管理受多方面的制约（见图1－1）。在这里，企业的“目标”是五要素之首，失去目标，其后的四个要素是难以识别和界定的。“目标”是主观的，一定是人或组织的目标，所以明确了“目标”，就明确和界定了风险管理的主体。风险管理一定是特定人或组织（即主体）对风险的管理。不明确和界定管理主体，风险管理就失去了方向，就不可能有正确的管理内容，就不可能实现既定的预期。风险定义中的“目标”主要指企业或各种组织的目标。

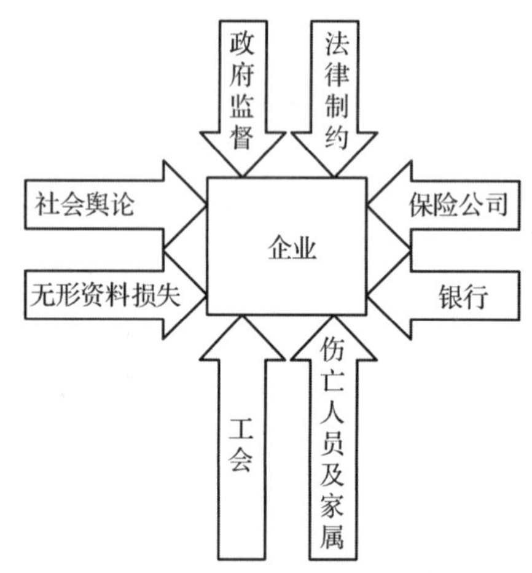

图1－1　发达国家企业安全管理方面受到的制约

二是影响。“影响”意为“不确定性”与“目标”发生关系。对“目标”施加作用。“影响”作为风险概念的三个变量之一，是连接“不确定性”与“目标”的桥梁。通过这一桥梁，使三个变量联系起来，形成了风险概念的统一性和整体性，而不仅仅是单一的“不确定性”概念。通常认为“不确定性”是客观的，而作为体现风险管理主体的“目标”是主观的。仅有客观存在——“不确定性”、仅有主观存在——“目标”，并不能构成风险，只有当“不确定性”存在对“目标”的“影响”时，对与“目标”相对应的管理主体而言，才构成风险。在实际工作中，当已存在“不确定性”和建立“目标”后，需识别不确定性是否可能对目标产生影响，并做出正确的判断。

三是不确定性。“不确定性”是风险概念的核心，是风险的基本属性。作为风险管理的主体，在制定目标以后，在争取实现目标的过程中，可能发生，也可能不发生各种情况或事件，这便是存在着“不确定性”。这些可能发生或不发生的情况或事件可能影响到管理主体目标的实现，对该管理主体而言，这就是风险。图1－2显示了“风险”术语中的“不确定性”，“不确定性”“影响”组织“目标”的实现。

（3）风险的基本特性。主要包括：一是不确定性（基本属性）；二是两重性（正面性和负面性）；三是未来性（管理风险就是管理未来）；四是事件性（识别风险的具体事件特征）；五是目标性（主观）；六是主客观结合特性；七是风险没有自身的“生产过程”。

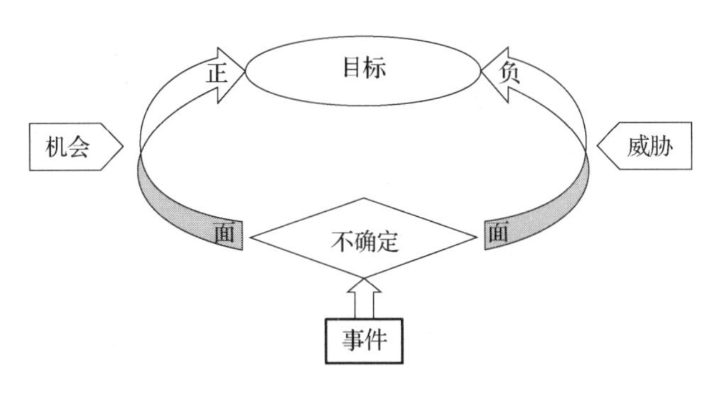

图 1－2　风险术语的图示

（4）组织常见风险。主要包括：一是组织架构风险（主要有设置风险、运行风险和监控风险）；二是发展战略风险（主要有外部环境风险、内部风险）；三是人力资源风险（主要有人力资源本身风险、管理过程风险）；四是社会责任风险（主要有安全生产风险、产品质量风险、环境保护风险和员工权益维护风险）；五是企业文化风险（主要有企业家风险、设计风险、与管理体系不适应风险、并购风险和文化革新风险）；六是资金活动风险（主要有筹资风险、投资风险和资金营运风险）；七是采购风险（主要有采购外因型风险和内因型风险）；八是资产管理风险（主要有货币资金管理风险、应收账款管理风险、存货管理风险和固定资产管理风险）；九是销售业务风险（主要有销售计划管理风险、客户开发与信用管理风险、销售定价风险、订立销售合同风险、发货风险和收款风险）；十是研究与开发风险（主要有立项风险、研发过程管理风险、结题验收风险、研究成果开发风险和研究成果保护风险）；十一是工程项目风险（主要有环境风险、立项风险、设计风险、招标风险、运营风险和验收风险）；十二是业务外包风险（主要有实施方案制定风险、审批风险、承包方选择风险、合同风险、实施风险、过程管理风险、验收风险和会计审计风险）；十三是财务报告风险（主要有违反法律风险）；十四是信息系统风险（主要有信息系统管理风险、信息系统运行维护风险、信息化监管风险和信息系统外包风险）。

（三）职业及职业风险

根据《职业分类与代码》（GB/T 6565—2015）标准，职业是从业人员为获取主要生活来源所从事的社会性工作的类别。职业风险（Occupation Risk）是在执业过程中具有一定发生频率并由该职业者承受的风险，主要包括经济风险、政治风险、法律风险和人身风险。

职业风险属于风险的一种类型，具有潜在的危害性。从现有文献来看，国内学者主要根据职业风险可能损害的对象范围对职业风险进行了界定，主要定义角度有三种：一是从职业风险对某个职业界产生危害的角度。孙坤（1997）认为审计职业风险是对审计职业界的生存和发展带来不利影响的一切行为和环境的总和。二是从职业风险同时对委托人、执业者甚至职业界造成损失的角度。顾芸（1998）指出审计职业风险是与注册会计师职业形影相随的风险，如果发生工作失误，将会对审计服务使用者、职业者个人甚至整个审计职业界造成严重损失。三是从职业风险对具体从业者造成损失的角度。黎玉柱（1988）认为职业风险是指在商品经济条件下，劳动者失去职业或工作的可能性；葛笑如（2015）认为所谓职业风险，是指具体行业工作性质造成农民工身心健康受到损害或伤残的可能性；许慧香等人（2019）认为护理职业风险是指护理人员由于日常工作而导致的自身各类急慢性伤害。邓桂苗（2020）认为，国内学者大多从职业风险对从业者个人造成的伤害或损失的角度对职业风险进行分析，并提出城管执法人员的职业风险是指城管执法人员在其工作过程中因受多种因素的综合影响而给执法者自身的生存和发展造成伤害和损失的可能性。我国保险公司结合人身意外伤害保险将职业风险等级具体进行了分类（见附件一）。在本书中，职业风险是指从业人员在其工作过程中因受多种因素的综合影响而给自身的生存和发展造成伤害和损失的可能性。劳动风险是指劳动者在其劳动过程中因受多种因素的综合影响而给自身的生存和发展造成伤害和损失的可能性。

二、风险管理的发展历程

人类应对风险的实践活动从未停止，对风险管理的研究也由来已久。20 世纪 30 年代，风险管理在美国兴起；20 世纪中叶，美国钢铁工人罢工事件与通用汽车公司自动变速装置厂火灾事件催生了风险管理科学，风险管理作为一门系统的管理科学被提出；20 世纪 70 年代，英、法、日等多个国家相继对风险管理展开研究，形成了近乎全球性的风险管理运动；1986 年，在美国纽约召开的风险和保险管理协会年会上，世界各国的专家学者共同讨论通过了“101 条风险管理准则”，这标志着风险管理的发展进入一个新的阶段；1986 年，欧洲 11 个国家共同成立了欧洲风险研究会，将风险研究扩大到国际交流范围。

我国对于风险管理的研究始于 20 世纪 80 年代，一些学者将风险管理和安全系统工程理论引入中国，在少数企业试用中取得了比较满意的效果，但由于我国大部分企业对风险管理的认识不足、重视不够，加之缺乏专门的风险管理机构，风险管理这一学科在我国尚处于起步阶段。

三、风险管理的基本要素与流程

何谓风险管理？反欺诈财务报告委员会发起组织委员会（The Committee of Sponsoring Organizations of the Treadway Commission，COSO）认为，企业风险管理是一个过程（见图 1－3），是由企业的董事会、管理层以及其他人员共同实施的，应用于战略制定及企业各个层次的活动。中国保险监督管理委员会（China Insurance Regulatory Commission，CIRC）认为，风险管理是经济单位通过对风险的识别和衡量，采用合理的经济和技术手段对风险进行处理，以最低的成本获得最大安全保障的管理活动。尽管各机构对风险管理的表述各不相同，但可以看出，风险管理具备以下三个基本要素：

（1）风险管理的主体。风险管理的主体即风险管理活动的具体执行者，其既可能是个人、家庭、企事业单位、社会团体、政府部门等经济单位中的单一个体或组织，也可能是多主体的共同参与。

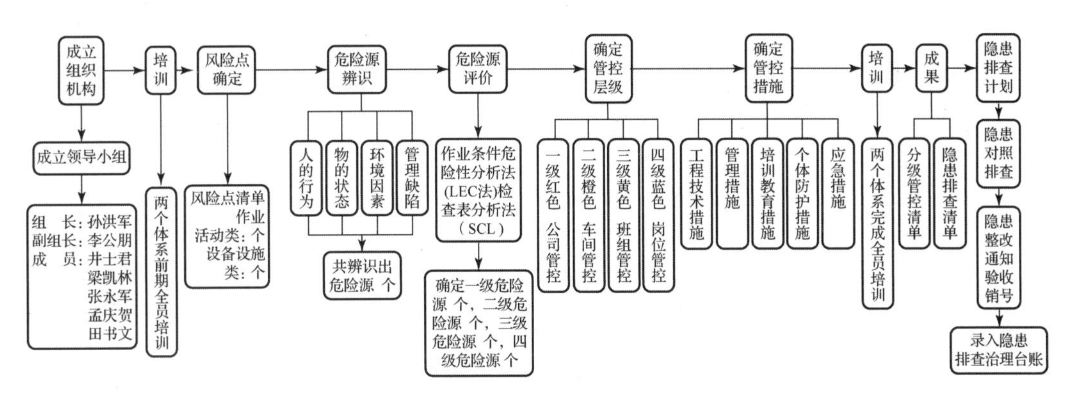

图 1－3　企业风险分级管控与隐患排查治理体系运行流程图示例

（2）风险管理的客体。风险管理的客体即风险管理的对象。关于风险管理的对象有纯粹风险说和全部风险说两种观点，前者认为风险管理的基本职能是将威胁经济单位生存和发展的纯粹风险带来的不利影响降至最低；后者认为风险管理在将纯粹风险的不利性降到最低的同时，还应将投机风险的收益增至最大。

（3）风险管理的目标。风险管理的目标是风险管理活动期望达到的目的或取得的成效，如企业风险管理的目标就是要以最小的成本换取最大的安全保障，实现效益最大化。同时，风险管理作为一种管理活动，具有连续的管理过程。《风险管理指南（中文版）》（ISO 31000—2018）认为，风险管理是指导和控制组织风险的协调活动。风险管理流程涉及系统地将政策、程序和实践应用于沟通和咨询活动，进行风险评估、应对、监督、审查、记录和报告。其流程如图 1－4 所示。

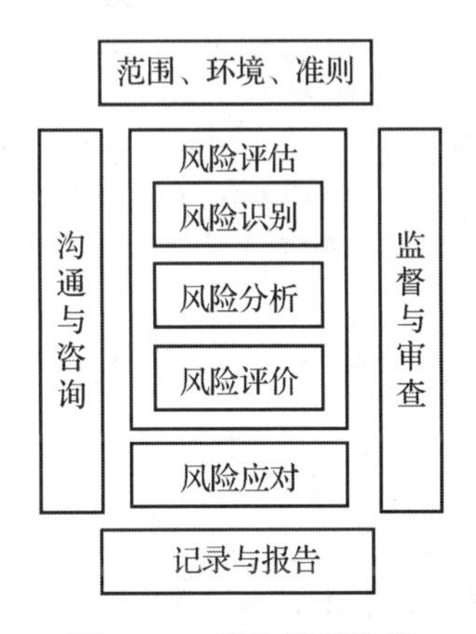

图 1－4　风险管理流程

第三节　劳动安全与风险研究趋势

以中国知网（CNKI）为来源数据库，以“劳动风险、职业风险、劳动安全、职业安全、职业健康、职业伤害、职业危害、职业暴露、职业防护”为主题词，从 1949 年

10 月 1 日到 2024 年 10 月 1 日为时间节点，运用 CiteSpace 软件进行了劳动风险知识图谱大数据分析。1949—2024 年我国劳动风险研究论文发文量和基本趋势如图 1－5 所示，1990 年以后，劳动风险研究呈快速上升趋势，2010 年后保持高位趋势的同时略有下降。

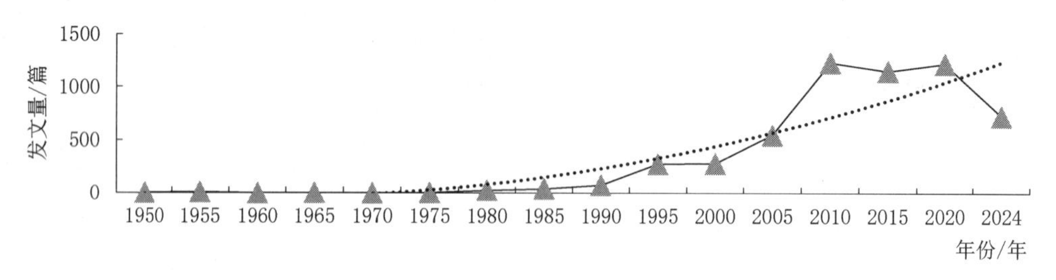

图 1－5　1949—2024 年劳动风险研究论文发文量和基本趋势

一、研究作者

如图 1－6 所示，劳动风险研究作者主要来自我国的研究机构和重点大学。排在前 3 名的是苏世标（发文 22 篇）、韩豫（发文 19 篇）和罗云（发文 19 篇）。

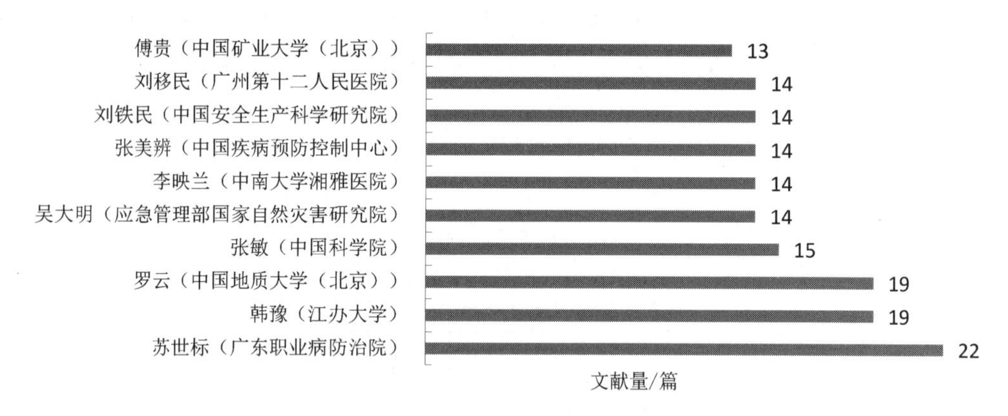

图 1－6　劳动风险研究作者的基本情况

二、研究机构

（1）来源单位。文献来源主要集中在安全科学与工程专业期刊，如图 1－7 所示。排在前 3 名的是《劳动保护》（发文 1 086 篇）、《现代职业安全》（发文 795 篇）和《中国安全生产科学技术》（发文 472 篇）。

（2）研究机构。文献研究的主要机构集中在重点大学，如图 1－8 所示。排在前 3 名的是吉林大学（发文 126 篇）、华中科技大学（发文 126 篇）、中国矿业大学（徐州）（发文 101 篇）。

图 1－7　劳动风险研究期刊的基本情况

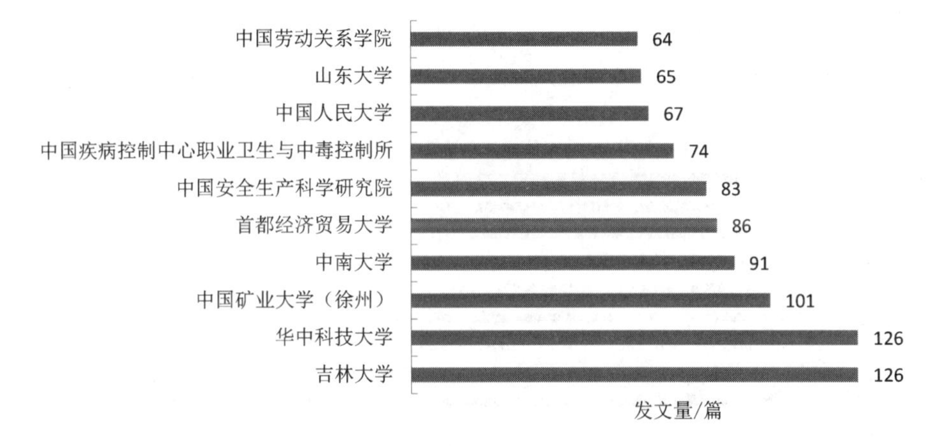

图 1－8　劳动风险研究机构的基本情况

三、研究趋势

（1）研究学科。如图 1－9 所示，研究学科排在前 3 名的是安全科学与灾害防治（发文 8 983 篇）、预防医学与卫生学（发文 4 270 篇）、建筑科学与工程（发文 4 199 篇）。

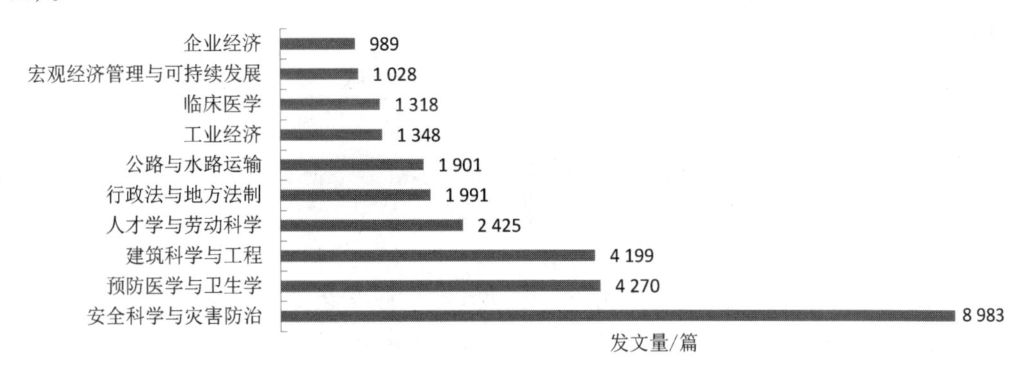

图 1－9　劳动风险研究学科的基本情况

（2）研究基金。如图 1－10 所示，研究基金排在前 3 名的是国家自然科学基金（发文 348 篇）、国家社会科学基金（发文 183 篇）、国家重点研发计划（发文 47 篇）。

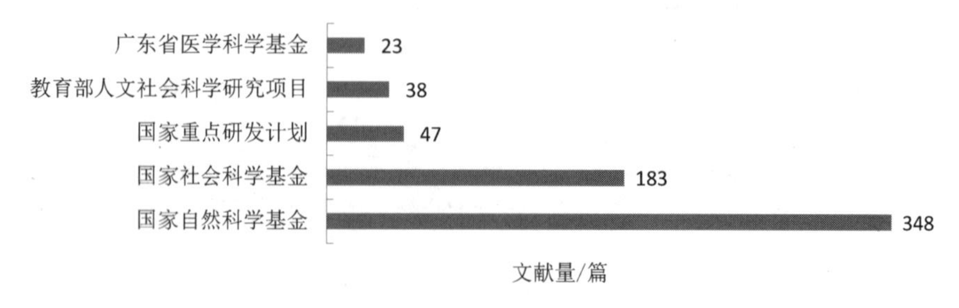

图 1－10　劳动风险研究基金的基本情况

（3）研究主题。如图 1－11 所示，研究热点主题排在前 3 名的是职业安全（发文 709）、职业暴露（发文 606 篇）和职业健康（发文 578 篇）。

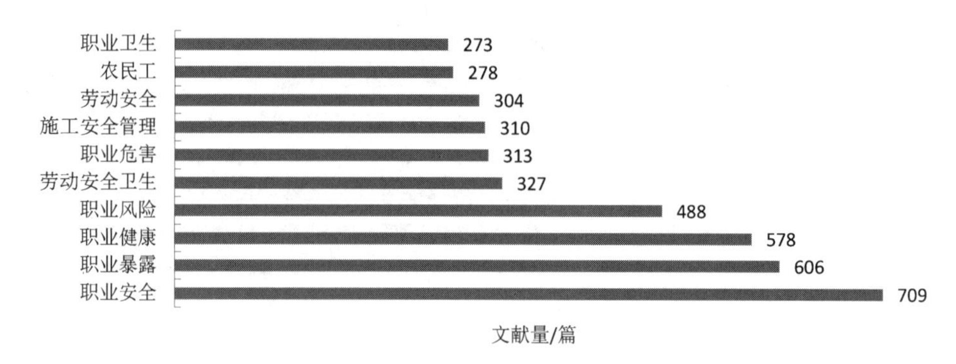

图 1－11　劳动风险研究主题的基本情况

本章小结

中国劳动保护制度变迁经历了四个显著的变化，即从劳动保护到劳动安全卫生、从安全管理到职业安全健康、从生产安全管理到应急管理以及从应急管理到全面风险管理。

系统解析了风险管理的理论基础，界定了职业、风险、劳动风险和安全概念，分析了劳动安全与风险研究的基本趋势。

关键术语

风险　安全　劳动风险　职业风险　劳动安全　职业安全　职业健康　职业卫生　风险管理　劳动保护　安全管理　生产安全事故　职业病　应急管理　风险管理

思考题

1. 中国劳动保护制度的曲折发展给我们的深刻启发是什么？
2. 我国企业作业场所生产安全、职业风险与劳动保护状况到底如何？
3. 什么是风险管理？作业场所风险管理的基本流程是什么？
4. 辨析劳动风险与职业风险的区别。
5. 劳动安全与风险研究的趋势与特征是什么？

延伸阅读

[1] 李存斌，刘赟奇. 多项目风险元传递理论与应用［M］. 北京：中国电力出版社，2015.

[2] 任国友. 工会劳动保护监督检查员工作指南［M］. 北京：中国工人出版社，2015.

[3] 张学文，刘辉霞. 现场互动与持续改进工伤预防培训项目实施手册［M］. 北京：中国劳动社会保障出版社，2016.

[4] 张秋秋. 新常态下中国职业安全与健康规制研究［M］. 北京：经济科学出版社，2018.

[5] 颜烨. 中国职业安全健康治理趋常化分析［M］. 长春：吉林大学出版社，2020.

参考文献

[1] 孙坤. 论审计职业风险［J］. 审计研究，1997（4）：41－45.

[2] 顾芸. 浅谈我国审计职业风险的成因与对策［J］. 交通财会，1998（8）：46－49.

[3] 黎玉柱. 建立和健全社会主义社会的职业风险机制［J］. 福建论坛（经济社会版），1988（2）：52－54.

[4] 葛笑如. 从四重失灵到协同治理：农民工职业风险治理新理路［J］. 求实，2015（11）：89－96.

[5] 许慧香，武晋，张晓云，等. 基于 Fuzzy－AHP 的不同岗位护理职业风险评价模型构建及实证研究［J］. 护理研究，2019，33（11）：1902－1905.

[6] 邓桂苗. 凉山州城管执法人员职业风险防范研究 [D]. 成都：西南民族大学，2020.

[7] 黄秀华. 西方企业风险管理的历史演变及启示 [J]. 中国集体经济，2011(3)：195 – 197.

[8] 中国保监会保险教材编写组. 风险管理与保险 [M]. 北京：高等教育出版社，2007.

第二章

劳动保护基准制度

劳动基准和劳动保护制度包括劳动基准制度、劳动保护制度和工会劳动保护监督制度。劳动基准反映了我国法定的劳动者在劳动关系中所得劳动条件的最低法定标准。劳动保护是我国的一项重要政策，国家为保护劳动者在生产活动中的安全和健康，对女职工和未成年工实施特殊劳动保护。

“996”刷屏，缘何成为“加班大国”

“吃得比猪少，干得比牛多，睡得比狗晚，起得比鸡早”，中国职场人这样调侃自己。2016年夏天，上海彩虹室内合唱团为广大的加班狗献上了一首《感觉身体被掏空》。

中国人加班有多疯狂？在滴滴发布的《2016年度加班最“狠”公司排行榜》中，京东以23：16的平均下班时间，成为中国最“狠”公司冠军；在高德地图发布的《2016年度中国主要城市交通分析报告》中，华为每日人均加班时间长达3.96小时，成为中国企业“加班王”。甚至连休假，中国人也在工作。马蜂窝旅行网发布的《中国上班族旅行方式研究报告2017》指出，88%的白领都需要在旅行中处理工作。

除了少数企业通过提高劳动生产率来提高竞争力以外，更多的中国企业，是采用增加工作时间来缩短生产周期的方式来提升竞争力。专家表示，“目前中国仍是‘汗水型’经济，靠创新技术获取利润的份额并不大，这种情况下只能靠拼汗水与劳动时间来赚钱”。

长时间的劳作，给职场人的生理、心理都带来了影响。几千年前，亚里士多德就说过：所有挣钱的工作都在吸食和降低你的精力。2010年，芬兰、英国的研究人员在《欧洲心脏》杂志上发表了一项长达11年的研究成果：每天加班超过3小时，将导致忧郁、焦虑或失眠，罹患心脏病的概率更高出60%。

既然这么辛苦，为什么中国人都很能忍呢？

首先，外部环境迫使职场人一起加入加班的队伍里。工作是收入的来源，除了少数的精英，大多数人是比较害怕丢饭碗的。2015 年，富士康生产线某线长的一句话流传开来：“只要有一次不配合加班，我就让你从此以后一个班都没得加。”

其次，规定“上五休二”，实际上得不到保障。一方面，法律规定得太笼统。1995 年的《国务院关于职工工作时间的规定》显示，企业如果不能实行周末双休的话，可以根据实际情况灵活安排每周休息日，这就给了企业不执行“上五休二”的机会。另一方面，司法也难保障员工的休息权，要想争取到合法权益还挺费心思的。《中国劳动力动态调查》报告指出，中国接近一半的劳动者在加班中没有得到任何补偿。

再次，中国人在房价、教育、医疗、养老的重重压力下，只得忙忙忙。2016 年，《小康》杂志社联合清华大学媒介调查室对“2016 中国休闲小康指数”做过一次调查，调查发现影响中国人休闲满意度的最主要因素是“忙，没心思休闲”，而忙的原因除了工作还是工作。

资料来源：https://baijiahao.baidu.com/s?id=1623998921209577381&wfr=spider&for=pc

【案例思考】

(1) 8 小时工作时间与加班加点矛盾吗？现行劳动基准制度如何规范企业加班行为？

(2) 长期工作会给广大职工健康带来重要影响，各级工会组织如何行动起来开展劳动保护监督？

(3) IT 行业“996”工作制与现行 8 小时工作制度的本质区别是什么？

第一节　劳动基准制度

一、劳动基准制度概述

1. 什么是劳动基准

劳动基准一词是从英文“Labor Standard”一词翻译而来，最早见于 1938 年美国的《公平劳动标准法》(*Fair Labor Standards Act*)。当前，国内主流劳动法教材对劳动基准的概念主要界定为“劳动基准法是关于工资、工时和职业安全卫生等劳动条件和劳动待遇的最低标准的法律规范的总称”。劳动基准，即法定最低劳动标准，是指劳动者在劳动关系中所得劳动条件的最低法定标准。

劳动基准包含两个含义：第一，有明确的劳动条件，一般是指为了保障劳动者实现其劳动过程，用人单位为其提供的各项保护措施和办法；第二，劳动条件有最低标准，是指为了保障劳动者最起码的劳动条件，而规定的最低限度的措施和要求。

2. 劳动基准的主要内容

劳动基准是雇佣者在雇佣劳动者为其提供劳动的过程中所应当遵守的根本性标准，劳动基准规范的内容应当是底线型的劳动标准。劳动基准是国家以强制性规范规定的关于工资、工时、休息休假、劳动安全卫生、女职工和未成年工特殊保护等方面的最低劳动标准，在全国范围内为劳动者权益划定一条不可逾越的底线（下限），以限制劳动关系双方的契约自由，保障劳动者应当享有的最低程度的劳动权益的一项法律制度。

劳动基准的主要内容：最低工资、工作时间、休息休假、劳动安全卫生、女职工和未成年工特殊劳动保护制度。

二、最低工资制度

（一）什么是工资

工资是指企业、事业、机关、团体等用人单位按照劳动者劳动的数量和质量，以货币形式支付的劳动报酬。一般包括计时工资、计件工资、奖金、津贴和补贴，延长工作时间的工资报酬以及特殊情况下支付的工资等。它是劳动者劳动报酬的重要组成部分，是工薪劳动者的基本生活来源。它是在劳动者完成一定数量和质量的劳动后，按预先规定的绝对数额定期支付的。

（二）工资构成及其形式

根据《国家统计局关于工资总额组成的规定》（国家统计局令〔1990〕第1号）的规定，工资总额由下列六个部分组成：计时工资、计件工资、奖金、津贴和补贴、加班加点工资、特殊情况下支付的工资。此外，根据《国家统计局关于工资总额组成的规定》第十一条规定，下列各项不列入工资总额的范围：①根据国务院发布的有关规定颁发的创造发明奖、自然科学奖、科学技术进步奖和支付的合理化建议和技术改进奖以及支付给运动员、教练员的奖金；②有关劳动保险和职工福利方面的各项费用；③有关离休、退休、退职人员待遇的各项支出；④劳动保护的各项支出；⑤稿费、讲课费及其他专门工作报酬；⑥出差伙食补助费、误餐补助、调动工作的旅费和安家费；⑦对自带工具、牲畜来企业工作职工所支付的工具、牲畜等的补偿费用；⑧实行租赁经营单位的承租人的风险性补偿收入；⑨对购买本企业股票和债券的职工所支付的股息（包括股金分红）和利息；⑩劳动合同制职工解除劳动合同时由企业支付的医疗补助费、生活补助费等；⑪因录用临时工而在工资以外向提供劳动力单位支付的手续费或管理费；⑫支付给家庭工人的加工费和按加工订货办法支付给承包单位的发包费用；⑬支付给参加企业劳动的在校学生的补贴；⑭计划生育独生子女补贴。

（三）工资支付保障制度

工资支付是指计量劳动和支付工资的方式。作为独立法人的企业单位，在工资分配上享有充分的自主权。企业工资分配方式和工资水平主要受企业经济效益、劳动生产率和劳动就业供求状况三个方面的因素影响。目前主要实施的工资制度包括企业工资总额管理制度、工资指导线制度、劳动力市场工资指导价位制度、工资集体协商制度和用人单位工资制度。依据《工资支付暂行规定》（劳部发〔1994〕489号）第四条规定，工资支付主要包括：工资支付项目、工资支付水平、工资支付形式、工资支付对象、工资支付时间以及特殊情况下的工资支付。

1. 工资支付的原则

工资支付是工资分配的最终环节，其是否合理、合法、真实、准确直接影响到劳动者的切身利益，必须依法确定并予以保护。根据我国现行有关法律法规及国际惯例对支付工资办法的有关规定，用人单位支付工资时，应遵循以下原则：现金支付原则、直接支付原则、全额支付原则、按时支付原则、紧急支付原则和简明易懂原则。

2. 工资支付的形式

现行的基本工资支付形式主要有计时工资和计件工资，辅助工资形式主要有奖金和津贴。《工资支付暂行规定》第五条规定，工资应当以法定货币支付。不得以实物及有价证券替代货币支付。第六条规定，用人单位应将工资支付给劳动者本人。劳动者本人因故不能领取工资时，可由其亲属或委托他人代领。用人单位可委托银行代发工资。用人单位必须书面记录支付劳动者工资的数额、时间、领取者的姓名以及签字，并保存两年以上备查。用人单位在支付工资时应向劳动者提供一份其个人的工资清单。

3. 工资支付的时间

《工资支付暂行规定》第七条规定，工资必须在用人单位与劳动者约定的日期支付。如遇节假日或休息日，则应提前在最近的工作日支付。工资至少每月支付一次，实行周、日、小时工资制的可按周、日、小时支付工资。《工资支付暂行规定》第八条规定，对完成一次性临时劳动或某项具体工作的劳动者，用人单位应按有关协议或合同规定在其完成劳动任务后即支付工资。《工资支付暂行规定》第九条规定，劳动关系双方依法解除或终止劳动合同时，用人单位应在解除或终止劳动合同时一次付清劳动者工资。

4. 特殊情况下的工资支付

特殊情况下的工资支付是指按照劳动法律、法规等规范性文件或集体合同，在非正常情况下或劳动者暂时离开工作岗位时，对劳动者支付工资的规定。在我国现行劳动法规中主要存在六种情形：一是依法参加社会活动期间的工资支付；二是依法享受休假期间的工资支付；三是非因劳动者原因停工期间的工资支付；四是加班加点的工资支付；五是企业破产时的工资支付；六是拖欠农民工的工资支付。

（四）最低工资制度

最低工资制度是指对劳动者在法定时间内提供正常劳动的前提下，由其所在单位应支付的最低劳动报酬的法律制度。国家通过立法，实施最低工资保障制度，规定最低工资标准。《最低工资规定》（中华人民共和国劳动和社会保障部令第21号）于2003年12月30日颁布，2004年3月1日起施行。

1. 最低工资标准的确定

最低工资标准是指劳动者在法定工作时间或依法签订的劳动合同约定的工作时间内提供了正常劳动的前提下，用人单位依法应支付的最低劳动报酬。确定和调整月最低工资标准，应参考当地就业者及其赡养人口的最低生活费用、城镇居民消费价格指数、职工个人缴纳的社会保险费和住房公积金、职工平均工资、经济发展水平、就业状况等因素。确定和调整小时最低工资标准，应在颁布的月最低工资标准的基础上，考虑单位应缴纳的基本养老保险费和基本医疗保险费因素，同时还应适当考虑非全日制劳动者在工作稳定性、劳动条件和劳动强度、福利等方面与全日制就业人员之间的差异。最低工资标准的确定和调整方案，由省、自治区、直辖市人民政府劳动保障行政部门会同同级工会、企业联合会/企业家协会研究拟订，并将拟订的方案报送劳动保障部。方案内容包括最低工资确定和调整的依据、适用范围、拟订标准和说明。劳动保障部在收到拟订方案后，应征求全国总工会、中国企业联合会/企业家协会的意见。劳动保障部对方案可以提出修订意见，若在方案收到后 14 日内未提出修订意见的，视为同意。

2. 最低工资标准的适用范围

我国允许各地区根据其具体情况确定最低工资标准，以适应我国幅员辽阔、南北东西各地区的生产、生活水平差异较大的基本情况。我国最低工资的适用范围：在中华人民共和国境内的企业、民办非企业单位、有雇工的个体工商户（以下统称用人单位）和与之形成劳动关系的劳动者。国家机关、事业单位、社会团体和与之建立劳动合同关系的劳动者，依照本规定执行。最低工资标准一般采取月最低工资标准和小时最低工资标准的形式。月最低工资标准适用于全日制就业劳动者，小时最低工资标准适用于非全日制就业劳动者。

3. 最低工资的保障与监督

为了保障用人单位支付给劳动者的工资不低于当地最低工资标准，国家还规定了具体的保障措施。《最低工资规定》第四条规定，县级以上地方人民政府劳动保障行政部门负责对本行政区域内用人单位执行本规定情况进行监督检查。各级工会组织依法对本规定执行情况进行监督，发现用人单位支付劳动者工资违反本规定的，有权要求当地劳动保障行政部门处理。《最低工资规定》第十一条规定，用人单位应在最低工资标准发布后 10 日内将该标准向本单位全体劳动者公示。《最低工资规定》第十二条规定，在劳动者提供正常劳动的情况下，用人单位应支付给劳动者的工资在剔除下列各项以后，不得低于当地最低工资标准：①延长工作时间工资；②中班、夜班、高温、低温、井下、有毒有害等特殊工作环境、条件下的津贴；③法律、法规和国家规定的劳动者福利待遇等。实行计件工资或提成工资等工资形式的用人单位，在科学合理的劳动定额基础上，其支付劳动者的工资不得低于相应的最低工资标准。劳动者由于本人原因造成在法定工作时间内或依法签订的劳动合同约定的工作时间内未提供正常劳动的，不适用本条规定。

三、工时制度

（一）什么是工作时间

工作时间，又称劳动时间，劳动法学意义上的工作时间是指法律规定的劳动者在一昼夜或一周内从事劳动或工作的时间。它包括劳动者每日工作的小时数、每周工作的天数和小时数。工作时间一般以小时、日、周、月、季和年为单位进行计算。

通常具有以下三个典型特征和含义：一是法定的工作时间；二是劳动者履行义务和用人单位计发劳动报酬的时间；三是实际工作时间与从事相关活动时间的总和。

（二）工作时间的种类

1. 工作周

工作周是法律规定劳动者在一周内应该工作的时数。工作周以日历周为计算单位，1 年内有 52 个工作周。工作周的工作天数和工作时间长度由法律规定。根据《国务院关于修改〈国务院关于职工工作时间的规定〉的决定》第三条规定，职工每日工作 8 小时、每周工作 40 小时。

2. 工作日

工作日，又称劳动日，是指在一昼夜内职工进行工作时间的长度（小时数）。工作日是以日为计算单位的工作时间。工作日是计算出勤率、工资标准、工资定额、工作效率的基础。《劳动法》第三十六条规定，国家实行劳动者每日工作时间不超过八小时、平均每周工作时间不超过四十四小时的工时制度。为了适应不同的生产、工作需要，《劳动法》规定了标准工作日、计件工作日、缩短工作日、不定时工作日和综合计算工作日。除了上述工作日以外，还有弹性工作日和非全时工作日，这两种工作日不是我国法律明确规定的。弹性工作日是指在工作周时数不变的前提下，在标准工作日的基础上，按照预先规定的办法，由劳动者个人自行安排工作时间长度的工作日。弹性工作日是标准工作日的转移形式。非全时工作日是指每日或每周少于正常规定的工作时数的工作日，即少于标准工作日或缩短工作时间长度的工作日。非全时工作日是流行于欧美的一种工作制度，主要适用于妇女、老年人、残疾人、退休人员等职业群体。

（三）工时制度

工时制度，即工作时间制度，当前我国有三种工作时间制度，即标准工时制、综合计算工时制、不定时工时制。《劳动法》第三十九条规定，企业因生产特点不能实行本法第三十六条、第三十八条规定的，经劳动行政部门批准，可以实行其他工作和休息办法。

（四）延长工作时间的法律规定

延长工作时间，也称加班加点，即劳动者根据用人单位的要求，超过法定标准工时进行劳动。加班是指劳动者按照用人单位的要求，在法定节日或周休息日从事生产或工作。加点是指劳动者按照用人单位的要求，在标准工作日以外继续从事生产或工作。

1. 延长工作时间的一般规定

用人单位因生产经营需要，可以延长工作时间，但延长工作时间需要遵守法律规定。一般情况下延长工作时间受如下限制：一是程序限制。用人单位决定加班加点，必须与工会和劳动者协商，征得工会与劳动者的同意。二是时间限制。《劳动法》第四十一条规定，用人单位由于生产经营需要，经与工会和劳动者协商后可以延长工作时间，一般每日不得超过一小时；因特殊原因需要延长工作时间的，在保障劳动者身体健康的条件下延长工作时间每日不得超过三小时，但是每月不得超过三十六小时。

2. 延长工作时间的特殊规定

在特殊情况下，用人单位可自行决定加班加点，不受《劳动法》第四十一条的限制。其特殊情况指下列情况：①发生自然灾害、事故或者因其他原因，威胁劳动者生命健康和财产安全，需要紧急处理的；②生产设备、交通运输线路、公共设施发生故障，影响生产和公众利益，必须及时抢修的；③法律、行政法规规定的其他情形。

四、休息休假制度

（一）什么是休息休假

休息休假，是指劳动者在国家规定的法定工作时间外自行支配的时间。休息休假主要包括劳动者每天休息的时数、每周休息的天数、节假日、年休假、探亲假等时间。《中华人民共和国宪法》（以下简称《宪法》）第四十三条规定，中华人民共和国劳动者有休息的权利。国家发展劳动者休息和休养的设施，规定职工的工作时间和休假制度。国家法定休假日、休息日不计入年休假的假期。

（二）休息休假的种类

1. 带薪年休假

年休假，是指给职工一年一次的假期。《企业职工带薪年休假实施办法》第三条规定，职工连续工作满 12 个月以上的，享受带薪年休假。《职工带薪年休假条例》第三条规定，职工累计工作已满 1 年不满 10 年的，年休假 5 天；已满 10 年不满 20 年的，年休假 10 天；已满 20 年的，年休假 15 天。

2. 婚假

婚假，是指劳动者本人结婚依法享受的假期。婚假是劳动者结婚时给予的假期，并由用人单位如数支付工资，这是对劳动者的精神抚慰，体现了政府对劳动者的福利政策，也是对其权益的保护，对于调动劳动者的积极性具有重要意义。《中华人民共和国人口与计划生育法》（以下简称《人口与计划生育法》）第二十五条规定，符合法律、法规规定生育子女的夫妻，可以获得延长生育假的奖励或者其他福利待遇。2016 年后，各省对原有的婚假、产假以及陪产假（即男士的护理假）均做出了相关的修改，从出台的规定来看，大多数省份的婚假都是在取消晚婚晚育、规定延长生育假的大原则之下，绝大多数省份的婚假天数与国家法律规定保持一致。

3. 丧假

丧假，是职工因有丧事而请的假。《劳动法》第五十一条规定，劳动者在法定休假日和婚丧假期间以及依法参加社会活动期间，用人单位应当依法支付工资。

4. 病假

病假，是指劳动者本人因患病或非因工负伤，需要停止工作医疗时，企业应该根据劳动者本人实际参加工作年限和在本单位工作年限，给予一定的医疗假期。《劳动部关于印发〈关于贯彻执行中华人民共和国劳动法若干问题的意见〉的通知》规定，企业职工因患病或非因工负伤，需要停止工作医疗时，根据本人实际参加工作年限和在本单位工作年限，给予三个月到二十四个月的医疗期：①实际工作年限十年以下的，在本单位工作年限五年以下的为三个月；五年以上的为六个月。②实际工作年限十年以上的，在本单位工作年限五年以下的为六个月；五年以上十年以下的为九个月；十年以上十五年以下的为十二个月；十五年以上二十年以下的为十八个月；二十年以上的为二十四个月。

5. 产假

产假，是指在职妇女产期前后的休假待遇。《女职工劳动保护特别规定》第七条规定，女职工生育享受98天产假，其中产前可以休假15天；难产的，应增加产假15天；生育多胞胎的，每多生育1个婴儿，可增加产假15天。女职工怀孕未满4个月流产的，享受15天产假；怀孕满4个月流产的，享受42天产假。

（三）休息休假制度

休息休假制度，是为保障职工享有休息权而实行的定期休假的制度。各国一般均由劳动法做出规定。中国宪法提出要规定职工休假制度。根据《劳动法》规定，现行休假制度包括的内容有：公休假日、法定节日、探亲假、年休假以及由于职业特点或其他特殊需要而规定的休假。按现行制度，各种休假日均带有工资。

2019年8月1日，人力资源和社会保障部发布《法定年节假日等休假相关标准》，对包括休息日、法定节假日、年休假、探亲假、婚丧假五类休假标准予以明确。休息、休假时间是劳动者根据法律法规的规定，在国家机关、社会团体、企业事业单位以及其他组织任职期间内，不必从事生产和工作而自行支配的时间。

五、劳动安全卫生制度

（一）劳动安全卫生的概念

劳动安全卫生，又称职业安全卫生（Occupational Safety and Health，OSH），国内也称安全生产、劳动保护、职业安全健康、职业卫生，国外通常称为职业安全与卫生、职业安全与健康、职业健康与安全。在《职业安全卫生术语》（GB/T 15236—2008）中，职业安全卫生是指以保障职工在职业活动中的安全与健康为目的的工作领域及在法律、技术、设备、组织制度和教育等方面所采取的相应措施。

（二）劳动安全卫生的主要内容

劳动安全卫生制度是指国家为了保护劳动者在劳动过程中的生命安全和身体健康而制定的各种法律规范的总称。主要包括劳动安全规程、劳动卫生规程和企业安全卫生管理制度三项重要内容。《劳动法》第六章为“劳动安全卫生”专章，提出了劳动安全卫生的原则要求。

1. 劳动安全卫生教育

劳动安全卫生教育是指企业为了增强职工的安全卫生意识，提高其安全卫生操作水平，普及安全技术法规知识，而对职工进行教育、培训和考核的制度。其主要内容包括思想政治教育、劳动安全卫生法制教育、劳动纪律教育、劳动安全技术知识教育、典型经验和事故教训教育。《劳动法》第五十二条规定，用人单位必须建立、健全劳动安全卫生制度，严格执行国家劳动安全卫生规程和标准，对劳动者进行劳动安全卫生教育。

2. 劳动安全卫生设施

劳动安全卫生设施是指防止伤亡事故和职业病发生，消除职业危害因素的设备、装置、防护用具等设防技术措施的总称。主要分为劳动安全设施、劳动卫生设施、个人防护设施、生产辅助设施四类。《劳动法》第五十三条规定，劳动安全卫生设施必须符合国家规定的标准。

3. 劳动防护用品

劳动防护用品，又称职业病防护用品、个体防护装备，是指由用人单位为劳动者配备的，使其在劳动过程中免遭或者减轻事故伤害及职业病危害的个体防护装备。《劳动法》第五十四条规定，用人单位必须为劳动者提供符合国家规定的劳动安全卫生条件和必要的劳动防护用品，对从事有职业危害作业的劳动者应当定期进行健康检查。《国家安全监管总局办公厅关于修改用人单位劳动防护用品管理规范的通知》（安监总厅安健〔2018〕3 号）第十条规定，劳动防护用品分为以下十大类：①防御物理、化学和生物危险、有害因素对头部伤害的头部防护用品。②防御缺氧空气和空气污染物进入呼吸道的呼吸防护用品。③防御物理和化学危险、有害因素对眼面部伤害的眼面部防护用品。④防噪声危害及防水、防寒等的耳部防护用品。⑤防御物理、化学和生物危险、有害因素对手部伤害的手部防护用品。⑥防御物理和化学危险、有害因素对足部伤害的足部防护用品。⑦防御物理、化学和生物危险、有害因素对躯干伤害的躯干防护用品。⑧防御物理、化学和生物危险、有害因素损伤皮肤或引起皮肤疾病的护肤用品。⑨防止高处作业劳动者坠落或者高处落物伤害的坠落防护用品。⑩其他防御危险、有害因素的劳动防护用品。

（三）劳动安全规程

劳动安全规程，是指国家为了防止劳动者在生产或工作过程中发生伤亡事故，保障其生命安全和防止生产设备遭到破坏而制定的各种法律规范的总称。当前，我国已经在《工厂安全卫生规程》的基础上，全面建立生产安全法律体系，明确了用人单位的生产安全主体责任。劳动安全规程主要包括劳动安全卫生设施管理、建设工程安全生产管理、矿山安全技术规程等内容。

（四）劳动卫生规程

劳动卫生规程，是指国家为了保护劳动者在劳动过程中的健康，防止有毒有害气体、物质的危害，防止职业病发生而制定的各种法律规范的总称。当前，我国已经建立职业病防治法律体系，明确了用人单位的职业病防治要求。劳动卫生规程主要包括工作场所职业卫生要求、职业病防治管理措施和职业病危害因素日常监测等内容。

（五）劳动安全卫生管理制度

劳动安全卫生管理制度，是指为了保障劳动者在劳动过程中的安全与健康，用人单位根据国家有关法规而制定的各种规章制度的总称。它是企业管理制度的重要组成部分。根据《劳动法》《职业病防治法》《安全生产法》的有关规定，生产经营单位必须建立健全劳动安全卫生管理制度，主要包括生产安全管理制度和职业卫生管理制度两大类。

第二节　劳动保护制度

一、劳动保护制度概述

（一）劳动保护的概念

劳动保护是指国家为保护劳动者在生产活动中的安全和健康，在改善劳动条件、防止工伤事故、预防职业病、实行劳逸结合、加强女工保护等方面所采取的各种组织措施和技术措施。劳动保护是我国的一项重要政策。《宪法》第四十二条规定，国家通过各种途径，创造劳动就业条件，加强劳动保护，改善劳动条件。我国劳动保护在制度设计上既有一般劳动保护规定，也有特殊劳动保护规定。

（二）用人单位的劳动安全卫生保障责任

在用人单位与劳动者之间构成的劳动关系中，劳动者提供自身的劳动并获得报酬，用人单位提供劳动场所和劳动条件并支付劳动报酬，双方的利益并不完全相同。因此，需要用法律明确规定用人单位与劳动者双方的权利和义务，使这种劳动关系保持和谐、稳定。劳动安全卫生是劳动关系的重要组成部分，现行的《劳动法》《安全生产法》《职业病防治法》《中华人民共和国工会法（以下简称《工会法》）等多部涉及劳动安全卫生内容的法律，都要求用人单位在生产过程中承担保障劳动者安全卫生合法权益的法定责任和义务。

用人单位的劳动安全卫生保障责任主要包括严格遵守国家有关劳动安全卫生的法律、法规；严格执行劳动安全卫生法规和标准，为劳动者提供符合国家标准或者行业标准的生产条件和作业环境；以劳动合同形式明确对劳动者劳动安全卫生权益的保障；依法实施劳动安全卫生管理；对劳动者进行劳动安全卫生教育培训；向劳动者告知劳动安全卫生事项；提供符合标准要求的劳动防护用品；为劳动者办理工伤保险，并依法承担民事赔偿责任；为劳动者提供职业健康监护服务。

（三）劳动者享有的劳动保护权利和义务

国家劳动安全卫生法律法规不仅规定了用人单位所承担的劳动安全卫生职责和国家（政府）对用人单位的监管职责，也对劳动者获得劳动保护的权利与义务做出了明确规定，这些规定是劳动者维护自身安全健康合法权益的有力武器。劳动者享有劳动

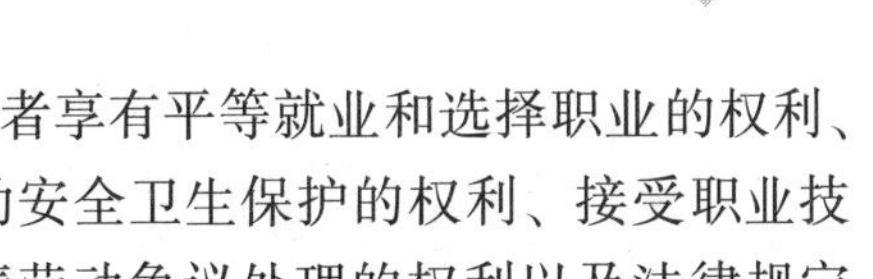

保护的权利和义务。《劳动法》第三条规定，劳动者享有平等就业和选择职业的权利、取得劳动报酬的权利、休息休假的权利、获得劳动安全卫生保护的权利、接受职业技能培训的权利、享受社会保险和福利的权利、提请劳动争议处理的权利以及法律规定的其他劳动权利。劳动者应当完成劳动任务，提高职业技能，执行劳动安全卫生规程，遵守劳动纪律和职业道德。此外，《安全生产法》《职业病防治法》也对劳动者享有劳动保护的权利和义务进行了规定。

二、一般劳动保护制度

（一）劳动合同中写明劳动保护条款

《劳动法》第十九条规定，劳动合同应当以书面形式订立，并具备以下条款：①劳动合同期限；②工作内容；③劳动保护和劳动条件；④劳动报酬；⑤劳动纪律；⑥劳动合同终止的条件；⑦违反劳动合同的责任。《安全生产法》第五十二条规定，生产经营单位与从业人员订立的劳动合同，应当载明有关保障从业人员劳动安全、防止职业危害的事项，以及依法为从业人员办理工伤保险的事项。生产经营单位不得以任何形式与从业人员订立协议，免除或者减轻其对从业人员因生产安全事故伤亡依法应承担的责任。

（二）提供必要的劳动防护用品和劳动保护设施

《劳动法》第九十二条规定，用人单位的劳动安全设施和劳动卫生条件不符合国家规定或者未向劳动者提供必要的劳动防护用品和劳动保护设施的，由劳动行政部门或有关部门责令改正，可以处以罚款。《安全生产法》第四十五条规定，生产经营单位必须为从业人员提供符合国家标准或者行业标准的劳动防护用品，并监督、教育从业人员按照使用规则佩戴、使用。

（三）劳动者职业卫生保护

《职业病防治法》第四条规定，用人单位应当为劳动者创造符合国家职业卫生标准和卫生要求的工作环境和条件，并采取措施保障劳动者获得职业卫生保护。《职业病防治法》第二十二条规定，用人单位必须采用有效的职业病防护设施，并为劳动者提供个人使用的职业病防护用品。用人单位为劳动者个人提供的职业病防护用品必须符合防治职业病的要求；不符合要求的，不得使用。

（四）工作场所应当符合职业卫生要求

《职业病防治法》第十五条规定，产生职业病危害的用人单位的设立除应当符合法律、行政法规规定的设立条件外，其工作场所还应当符合下列职业卫生要求：①职业病危害因素的强度或者浓度符合国家职业卫生标准；②有与职业病危害防护相适应的设施；③生产布局合理，符合有害与无害作业分开的原则；④有配套的更衣间、洗浴间、孕妇休息间等卫生设施；⑤设备、工具、用具等设施符合保护劳动者生理、心理健康的要求；⑥法律、行政法规和国务院卫生行政部门关于保护劳动者健康的其他要求。

（五）职业健康检查

《职业病防治法》第三十六条规定，用人单位应当为劳动者建立职业健康监护档案，并按照规定的期限妥善保存。《职业病防治法》第六十条规定，用人单位在发生分立、合并、解散、破产等情形时，应当对从事接触职业病危害的作业的劳动者进行健康检查，并按照国家有关规定妥善安置职业病病人。

（六）劳动安全卫生教育培训

《职业病防治法》第四十条规定，工会组织应当督促并协助用人单位开展职业卫生宣传教育和培训。《女职工劳动保护特别规定》第三条规定，用人单位应当加强女职工劳动保护，采取措施改善女职工劳动安全卫生条件，对女职工进行劳动安全卫生知识培训。

三、女职工的特殊劳动保护制度

（一）女职工特殊劳动保护

女职工特殊劳动保护，又称母性保护，是指根据女职工特殊的身体结构、生理特点和哺育子女的需要，对其劳动过程中的安全健康所采取的有别于男子的保护。

（二）女职工“四期”特殊劳动保护

1. 经期保护

经期，又称生理期，是指女性每次月经持续时间。《劳动法》第六十条规定，不得安排女职工在经期从事高处、低温、冷水作业和国家规定的第三级体力劳动强度的劳动。

2. 孕期保护

孕期，即怀孕期，医学上的孕期是指从末次月经的第一天开始，到分娩结束，通常为四十周。《劳动法》第六十一条规定，不得安排女职工在怀孕期间从事国家规定的第三级体力劳动强度的劳动和孕期禁忌从事的劳动。对怀孕 7 个月以上的女职工，不得安排其延长工作时间和夜班劳动。《女职工劳动保护特别规定》第六条规定，女职工在孕期不能适应原劳动的，用人单位应当根据医疗机构的证明，予以减轻劳动量或者安排其他能够适应的劳动。对怀孕 7 个月以上的女职工，用人单位不得延长劳动时间或者安排夜班劳动，并应当在劳动时间内安排一定的休息时间。怀孕女职工在劳动时间内进行产前检查，所需时间计入劳动时间。

3. 生育期保护

生育期，是指从第一个孩子的出生，到最小一个孩子被抚养成人的阶段。《劳动法》第六十二条规定，女职工生育享受不少于 90 天的产假。《女职工劳动保护特别规定》第七条规定，女职工生育享受 98 天产假，其中产前可以休假 15 天；难产的，增加产假 15 天；生育多胞胎的，每多生育 1 个婴儿，增加产假 15 天。女职工怀孕未满 4 个月流产的，享受 15 天产假；怀孕满 4 个月流产的，享受 42 天产假。

4. 哺乳期保护

哺乳期，是指哺育 1 岁以内的婴儿的时间。《劳动法》第六十三条规定，不得安排女职工在哺乳未满一周岁的婴儿期间从事国家规定的第三级体力劳动强度的劳动和哺乳期禁忌从事的其他劳动，不得安排其延长工作时间和夜班劳动。《女职工劳动保护特别规定》第九条规定，对哺乳未满1周岁婴儿的女职工，用人单位不得延长劳动时间或者安排夜班劳动。用人单位应当在每天的劳动时间内为哺乳期女职工安排1小时哺乳时间；女职工生育多胞胎的，每多哺乳1个婴儿每天增加1小时哺乳时间。《职业病防治法》第三十八条规定，用人单位不得安排孕期、哺乳期的女职工从事对本人和胎儿、婴儿有危害的作业。

（三）女职工禁忌从事的劳动范围

1. 女职工一般禁忌从事的劳动范围

主要包括：①矿山井下作业；②体力劳动强度分级标准中规定的第四级体力劳动强度的作业；③每小时负重6次以上、每次负重超过20公斤的作业，或者间断负重、每次负重超过25公斤的作业。

2. 女职工在经期禁忌从事的劳动范围

主要包括：①冷水作业分级标准中规定的第二级、第三级、第四级冷水作业；②低温作业分级标准中规定的第二级、第三级、第四级低温作业；③体力劳动强度分级标准中规定的第三级、第四级体力劳动强度的作业；④高处作业分级标准中规定的第三级、第四级高处作业。

3. 女职工在孕期禁忌从事的劳动范围

主要包括：①作业场所空气中铅及其化合物、汞及其化合物、苯、镉、铍、砷、氰化物、氮氧化物、一氧化碳、二硫化碳、氯、己内酰胺、氯丁二烯、氯乙烯、环氧乙烷、苯胺、甲醛等有毒物质浓度超过国家职业卫生标准的作业；②从事抗癌药物、己烯雌酚生产，接触麻醉剂气体等的作业；③非密封源放射性物质的操作，核事故与放射事故的应急处置；④高处作业分级标准中规定的高处作业；⑤冷水作业分级标准中规定的冷水作业；⑥低温作业分级标准中规定的低温作业；⑦高温作业分级标准中规定的第三级、第四级的作业；⑧噪声作业分级标准中规定的第三级、第四级的作业；⑨体力劳动强度分级标准中规定的第三级、第四级体力劳动强度的作业；⑩在密闭空间、高压室作业或者潜水作业，伴有强烈振动的作业，或者需要频繁弯腰、攀高、下蹲的作业。

4. 女职工在哺乳期禁忌从事的劳动范围

主要包括：①孕期禁忌从事的劳动范围的第一项、第三项、第九项；②作业场所空气中锰、氟、溴、甲醇、有机磷化合物、有机氯化合物等有毒物质浓度超过国家职业卫生标准的作业。

四、未成年工的特殊劳动保护制度

（一）未成年工特殊劳动保护

未成年工特殊保护，是指针对未成年工处于生长发育期的特点，以及接受义务教育的需要，采取的特殊劳动保护措施。未成年工，是指年满十六周岁未满十八周岁的劳动者。未成年工特殊劳动保护是指根据未成年工身体成长发育的特点以及接受义务教育的需要，国家法律规定的用人单位在组织劳动过程中对未成年工采取的有别于成年工的特殊劳动保护措施。

（二）未成年工禁忌劳动范围

《劳动法》第六十四条规定，不得安排未成年工从事矿山井下、有毒有害、国家规定的第四级体力劳动强度的劳动和其他禁忌从事的劳动。《未成年工特殊保护规定》（劳部发〔1994〕498号）第三条规定，用人单位不得安排未成年工从事以下范围的劳动：①《生产性粉尘作业危害程度分级》国家标准中第一级以上的接尘作业；②《有毒作业分级》国家标准中第一级以上的有毒作业；③《高处作业分级》国家标准中第二级以上的高处作业；④《冷水作业分级》国家标准中第二级以上的冷水作业；⑤《高温作业分级》国家标准中第三级以上的高温作业；⑥《低温作业分级》国家标准中第三级以上的低温作业；⑦《体力劳动强度分级》国家标准中第四级体力劳动强度的作业；⑧矿山井下及矿山地面采石作业；⑨森林业中的伐木、流放及守林作业；⑩工作场所接触放射性物质的作业；⑪有易燃易爆、化学性烧伤和热烧伤等危险性大的作业；⑫地质勘探和资源勘探的野外作业；⑬潜水、涵洞、涵道作业和海拔三千米以上的高原作业（不包括世居高原者）；⑭连续负重每小时在六次以上并每次超过二十公斤，间断负重每次超过二十五公斤的作业；⑮使用凿岩机、捣固机、气镐、气铲、铆钉机、电锤的作业；⑯工作中需要长时间保持低头、弯腰、上举、下蹲等强迫体位和动作频率每分钟大于五十次的流水线作业；⑰锅炉司炉。

（三）未成年工的特殊劳动保护内容

《劳动法》第五十八条规定，国家对女职工和未成年工实行特殊劳动保护。《职业病防治法》第三十八条规定，用人单位不得安排未成年工从事接触职业病危害的作业。《中华人民共和国未成年人保护法》（以下简称《未成年人保护法》）第六十一条规定，任何组织或者个人不得招用未满十六周岁未成年人，国家另有规定的除外。招用已满十六周岁未成年人的单位和个人应当执行国家在工种、劳动时间、劳动强度和保护措施等方面的规定，不得安排其从事过重、有毒、有害等危害未成年人身心健康的劳动或者危险作业。

第三节　工会劳动保护监督制度

一、工会劳动保护监督制度概述

（一）工会劳动保护监督权的概念

工会劳动保护监督权，是指工会对国家行政机关和用人单位行政部门在执行国家劳动法律、法规和相关政策上具有监督的权利。《企业工会工作条例》第三十八条规定，建立劳动法律监督委员会，职工人数较少的企业应设立工会劳动法律监督员，对企业执行有关劳动报酬、劳动安全卫生、工作时间、休息休假、女职工和未成年工保护、保险福利等劳动法律法规情况进行群众监督。《企业工会工作条例》第三十九条规定，建立劳动保护监督检查委员会，生产班组中设立工会小组劳动保护检查员。建立完善工会监督检查、重大事故隐患和职业危害建档跟踪、群众举报等制度，建立工会劳动保护工作责任制。依法参加职工因工伤亡事故和其他严重危害职工健康问题的调查处理。协助与督促企业落实法律赋予工会与职工安全生产方面的知情权、参与权、监督权和紧急避险权。

（二）工会劳动保护监督三个《条例》

1985年1月8日，全国总工会书记处第六十三次会议讨论通过了《工会劳动保护监督检查员工作条例》《基层工会劳动保护监督检查委员会工作条例》《工会小组劳动保护检查员工作条例》（以下简称三个《条例》）。三个《条例》的颁发，给工会劳动保护工作提出了遵循的依据，使各级工会劳动保护工作向规范化迈进了一步。1997年和2001年，全国总工会先后对三个《条例》做了两次修改。工会劳动保护三个《条例》是突出工会维护职能，履行监督检查职责，落实“安全第一，预防为主，综合治理”的方针，组织和发动广大职工开展群众性劳动保护监督检查工作的规范性、指导性文件。

二、工会劳动保护监督的主要内容

（一）依法宏观参与和基层工会参与

代表和组织职工群众参与国家和社会事务的管理，是法律赋予工会的一项重要职责，是工会维护职工国家主人翁地位和当家作主权利的重要渠道。工会参与劳动安全卫生管理主要是以监督的方式进行，其主要内容是对劳动保护法律法规、标准、政策和企业劳动安全卫生规章制度的执行情况进行监督。

1. 宏观参与

（1）工会立法参与。一是国家立法参与。《工会法》第三十四条规定，国家机关在组织起草或者修改直接涉及职工切身利益的法律、法规、规章时，应当听取工会意见。二是地方立法参与。《工会法》第三十四条规定，县级以上各级人民政府制定国民经济和社会发展计划，对涉及职工利益的重大问题，应当听取同级工会的意见。县级以上各级人民政府及其有关部门研究制定劳动就业、工资、劳动安全卫生、社会保险等涉及职工切身利益的政策、措施时，应当吸收同级工会参加研究，听取工会意见。《工会法》第三十五条规定，县级以上地方各级人民政府可以召开会议或者采取适当方式，向同级工会通报政府的重要的工作部署和与工会工作有关的行政措施，研究解决工会反映的职工群众的意见和要求。各级人民政府劳动行政部门应当会同同级工会和企业方面代表，建立劳动关系三方协商机制，共同研究解决劳动关系方面的重大问题。

（2）工会宏观决策参与。包括提交全国、地方各级人大、政协提案议案；参加各级安全生产委员会（简称“安委会”）的工作；参加与同级政府的联席会议；就涉及职工安全健康权益等劳动安全卫生重大问题进行调查研究，直接向各级党委提出工会的意见建议；联合政府有关部门开展调研、安全检查督查、专题研讨，共同研究和提出解决方案，采取联合制发文件等形式，面向基层，指导工作。

2. 基层工会参与

基层工会参与是工会参与的重点。基层工会参与是企业工会开展劳动保护、民主管理和民主监督的重要形式，既是社会主义市场经济条件下企业新型劳动关系的体现，也有利于职工在企业安全生产工作中民主权利的落实。基层工会以参与企业有关劳动安全卫生方面的管理制度、作业规程、奖惩办法等的制定、修订工作为重点，在广泛听取职工意见建议的基础上，通过协商，推动改善劳动条件和作业环境，加强对职工的职业防护，从而在源头上减少或避免矛盾，稳定企业的劳动关系。同时，关注合同条款规定的职工相关权利和义务是否平衡，既考虑职工的利益，也兼顾企业的发展。

（二）依法监督安全生产工作

1. 工会依法组织职工参加本单位安全生产工作的民主管理和民主监督

《安全生产法》第七条规定，工会依法对安全生产工作进行监督。生产经营单位的工会依法组织职工参加本单位安全生产工作的民主管理和民主监督，维护职工在安全生产方面的合法权益。生产经营单位制定或者修改有关安全生产的规章制度，应当听取工会的意见。

2. 工会有权监督建设项目“三同时”

《安全生产法》第六十条规定，工会有权对建设项目的安全设施与主体工程同时设计、同时施工、同时投入生产和使用进行监督，提出意见。工会对生产经营单位违反安全生产法律、法规，侵犯从业人员合法权益的行为，有权要求纠正；发现生产经营单位违章指挥、强令冒险作业或者发现事故隐患时，有权提出解决的建议，生产经营单位应当及时研究答复；发现危及从业人员生命安全的情况时，有权向生产经营单位建议组织从业人员撤离危险场所，生产经营单位必须立即作出处理。工会有权依法参加事故调查，向有关部门提出处理意见，并要求追究有关人员的责任。

（三）依法监督职业卫生工作

1. 依法监督职业病防治工作

《职业病防治法》第四条规定，工会组织依法对职业病防治工作进行监督，维护劳动者的合法权益。用人单位制定或者修改有关职业病防治的规章制度，应当听取工会组织的意见。

2. 协助用人单位开展职业卫生宣传教育和培训

《职业病防治法》第四十条规定，工会组织应当督促并协助用人单位开展职业卫生宣传教育和培训，有权对用人单位的职业病防治工作提出意见和建议，依法代表劳动者与用人单位签订劳动安全卫生专项集体合同，与用人单位就劳动者反映的有关职业病防治的问题进行协调并督促解决。

（四）依法参与事故调查处理

《生产安全事故报告和调查处理条例》（以下简称《条例》）第六条规定，工会依法参加事故调查处理，有权向有关部门提出处理意见。《矿山安全法》第三十七条规定，发生一般矿山事故，由矿山企业负责调查和处理。发生重大矿山事故，由政府及其有关部门、工会和矿山企业按照行政法规的规定进行调查和处理。工会依法参加事故调查处理主要体现在上报事故要同时通知工会、工会派人参加事故调查组、防范和整改措施情况接受工会监督三个方面。

(五) 依法组织劳动保护教育培训

劳动保护教育培训是预防生产事故和职业病的三项政策之一。工会应当组织、开展劳动保护教育培训。

1. 劳动保护教育培训的对象

工会劳动保护教育培训的对象是各级工会劳动保护干部和广大企业职工。工会可以独立开展劳动保护教育培训，也可以会同行政联合开展此项工作。《工会法》第三十一条规定，工会会同企业、事业单位教育职工以国家主人翁态度对待劳动，爱护国家和企业的财产，组织职工开展群众性的合理化建议、技术革新活动，进行业余文化技术学习和职工培训，组织职工开展文娱、体育活动。

2. 劳动保护教育培训的内容

(1) 工会干部劳动保护教育培训的主要内容。

这包括国家有关劳动安全卫生的法律、法规、标准和政策，工会劳动保护监督检查三个《条例》(《工会劳动保护监督检查员工作条例》《基层工会劳动保护监督检查委员会工作条例》《工会小组劳动保护检查员工作条例》)，劳动安全卫生专业知识，工会工作基本理论和业务知识等内容。

(2) 职工劳动保护教育培训的主要内容。

这包括国家有关劳动安全卫生的法律、法规、标准和政策，企业劳动安全卫生规章制度，职工在企业劳动安全卫生工作中享有的权利和应尽的义务，职工如何维护安全健康合法权益等内容。

(3) 监督和协助企业开展职工教育培训的主要内容。

企业工会除了独立开展职工劳动保护教育培训外，还要监督和协助企业行政进行新工人三级安全教育、特种作业人员安全培训、“四新”教育和经常性教育。新工人的三级安全教育包括厂级教育、车间级教育和岗位教育。此外，还应对广大职工进行经常性的安全和卫生教育。

三、工会劳动保护监督的组织建设

(一) 工会劳动保护监督检查员

工会劳动保护监督检查员，又称工会劳保监查员，是指具有较高的政策、业务水平，熟练掌握劳动安全卫生法律法规，经过劳动保护业务培训和考核，经由上级工会任命的从事工会劳动保护工作的人员。工会劳保监查员的任职条件和任命程序，必须严格按中华全国总工会颁发的《工会劳动保护监督检查员工作条例》和《工会劳动保护监督检查员管理办法》执行和组织管理。工会劳动保护监督检查员任命前必须经过劳动保护岗位培训并考核合格。

工会劳动保护监督检查员的职责包括：一是立法和决策参与；二是调查研究；三是监督隐患整改；四是紧急避险；五是参加事故和职业危害事件调查处理；六是参加“三同时”审查验收；七是监督并协助企业做好劳动安全卫生工作；八是支持和指导基层劳动保护工作。

（二）工会劳动保护监督检查委员会

在基层企业、车间中设立的工会劳动保护监督检查委员会。《基层工会劳动保护监督检查委员会工作条例》第二条规定，企事业工会及所属分厂、车间工会设立工会劳动保护监督检查委员会（或工会劳动保护监督检查小组，下同）。乡镇工会、城市街道工会及基层工会联合会也可设立工会劳动保护监督检查委员会。企业、车间成立工会委员会，即应成立工会劳动保护监督检查委员会。工会劳动保护监督检查委员会委员由同级工会提名，报上级工会备案。提名要通过工会小组的讨论、酝酿，并采用职工（代表）大会讨论通过或基层工会委员会决议的形式，决定委员会委员的组成。委员会一经建立，必须将委员会建立的时间、委员会委员、任期等决定报所属上级工会备案。

工会劳动保护监督检查委员会的职责包括：一是监督和协助；二是调查研究；三是安全生产民主管理；四是制止“双违”和安全检查；五是监督事故隐患整改治理；六是参加“三同时”审查验收；七是参加事故调查处理；八是紧急避险；九是教育与宣传；十是维护职工劳动安全健康合法权益。

（三）工会小组劳动保护检查员

在班组中设立工会小组劳动保护检查员。《工会小组劳动保护检查员工作条例》第二条规定，在工、交、财贸、基本建设等行业的企事业生产班组中，设立工会小组劳动保护检查员。这一规定强调在工、交、财贸、基本建设等事故多发行业的生产班组中必须设立工会小组劳动保护检查员，突出了工会劳动保护监督的重点是在生产班组，工会劳动保护监督的“哨兵”必须设立在生产班组。工会小组劳动保护检查员经民主推选产生。

工会小组劳动保护检查员的职责包括：一是协助落实法律法规和规章制度，创建合格班组；二是维护职工的知情权；三是督促和协助班组长对本班组人员进行安全教育；四是制止“双违”；五是督促解决安全检查中发现的隐患；六是紧急避险；七是事故抢险和现场急救；八是监督企业提供符合国家规定的劳动条件。

四、工会劳动保护监督的方法与载体

（一）“安康杯”竞赛活动

“安康杯”竞赛活动是由中华全国总工会、应急管理部等部门共同开展的一项群众性安全生产活动。“安康杯”是取“安全”和“健康”之意而设立的职业安全卫生工作荣誉奖杯。“安康杯”竞赛，顾名思义，就是把竞争机制、奖励机制、激励机制应用于安全生产和职业病防治活动中的群众性“安全”和“健康”竞赛，它是社会主义劳动竞赛在安全生产和职业卫生领域中的具体实践和延伸。

"安康杯"竞赛活动是通过竞赛安全生产管理、领导者的安全生产和职业病防治意识、职工安全卫生知识水平和能力、安全生产和职业卫生各项指标等方式，不断推进企事业单位的劳动安全卫生工作和安全文化建设，全面提高职工安全意识和应急处置能力，最终达到降低安全生产事故和职业病发病率的目的。"安康杯"竞赛包括健全的竞赛机构、规范的竞赛制度、丰富的群众性安全生产和职业病防治活动等重要内容。

（二）工会参与职业病防治工作模式

针对我国职业病防治工作的现状，为适应市场经济发展对工会维权工作的需求，2005 年 9 月至 2009 年 6 月，中华全国总工会劳动保护部与中国疾病预防控制中心职业卫生与中毒控制所合作开展了工会参与职业病防治工作专题研究，提出了中华全国总工会、地方工会、产业工会、大型企业工会、中小企业工会等开展职业病防治工作的模式。

2010 年 4 月 12 日，中华全国总工会发布《关于加强工会参与职业病防治工作的意见》（总工发〔2010〕20 号）指出，工会参与职业病防治工作模式是工会多年来参与职业病防治实践经验的科学总结。各级工会要结合本地和企业职业病防治工作的实际需要，按照"联系实际、循序渐进、有所侧重"的原则，选取适宜模式进行试点，重点就职业病防治三方协调机制、大型企业职业卫生检查表、中小企业联合职业安全卫生委员会和劳动安全卫生专项集体合同等内容进行推广应用，在实践中健全工会全面参与职业病防治的工作体系。

（三）劳动安全卫生专项集体合同

劳动安全卫生专项集体合同，是指用人单位与本单位职工（或者工会代表职工与企业代表组织之间）根据法律、法规、规章的规定，通过就劳动安全卫生方面的内容进行集体协商签订的专项书面协议。推行签订劳动安全卫生专项集体合同，是推动企业劳动安全卫生工作规范化、制度化的有效形式，是工会依照法律、法规维护职工安全健康合法权益的重要途径。

劳动安全卫生专项集体合同内容主要包括：劳动安全卫生组织机构和规章制度建设；劳动安全卫生责任；劳动条件（包括职业危害告知）、防护措施和安全投入；安全技术规程；劳动安全卫生教育培训制度；劳动保护用品的发放、维护和使用标准；定期健康检查和职业健康监护；事故应急救援；女职工和未成年工的特殊保护；休息和休假；群众监督；合同的变更、解除和终止条款；履约监督和违约责任；集体合同争议处理的条款；双方首席代表签字；人力和社保部门的审查意见；合同生效日期、有效期限；向全体人员公布及方式等。

（四）"一法三卡"工作法

"一法三卡"，是指在工会劳动保护监督检查工作中采用的重大事故隐患和职业病危害监控法及安全检查提示卡、有毒有害物质信息卡、危险源点警示卡。"一法三卡"工作法是江苏省总工会多年探索总结出来的维护职工安全健康合法权益的好方法。"一法三卡"为工会履行监督检查职责，有效开展群众性的安全监督检查活动提供了很好的形式和方法。它体现了工会群众性监督检查的特色，又与企业的安全管理有效衔接，把二者有机结合在一起，互为补充，互相促进，体现了专管与群防的统一。

“一法三卡”的核心就是注重对事故隐患和职业病危害的提示检查、危险警示和信息告知，最终实现重点监控，并针对存在的问题采取及时有效的预防措施，克服以往亡羊补牢式的安全监督管理手段，促进和加强安全监督管理。这是“安全第一，预防为主，综合治理”的安全生产方针在工会劳动保护监督检查实际工作中的具体应用和实践。

（五）“两书”工作法

事故隐患报告书和限期整改通知书是天津市总工会按照全国总工会关于事故隐患建档跟踪整改工作的要求，制定的《事故隐患报告书》《事故隐患限期整改通知书》，即“两书”工作制度。推动企业、班组运用“两书”，对安全事故隐患和职业病危害因素进行报告、建档、跟踪、监督、整改，对于把安全生产工作真正纳入“预防为主”的轨道，大力促进企业安全生产，保护职工的安全和健康，能够发挥有效的作用。

《事故隐患报告书》由工会小组劳动保护检查员或职工群众提出。对职工提出的职业病危害和事故隐患报告，由车间工会劳动保护监督检查委员会进行整理、复查、建档并报行政，由行政对提出的隐患进行答复。车间解决不了的隐患，由车间再报至厂工会，由厂工会提交厂行政解决，必要时采用《事故隐患限期整改通知书》提交厂行政，由厂领导人做出答复。

（六）职工代表安全巡视

职工代表安全巡视制度是职工代表按照职代会赋予的民主权利，对企业安全生产日常管理进行监督的一项工作制度，是企业职工代表开展民主管理活动的一种有效方式。职工代表安全巡视活动一般由企业工会或职工代表大会劳动保护专门委员会组织部分职工代表参与实施。职工代表安全巡视活动应当每季度进行一次。铁路系统工会提出的“职工代表安全巡视”的做法具有代表性，值得推广。

职工代表安全巡视活动的主要内容：①检查职代会有关劳动保护决议和决定的贯彻落实情况。②检查企业劳动保护，职业安全卫生各项计划、规划、规章制度的执行情况。③检查企业集体合同关于劳动保护有关条款的履行情况。④收集职工对本单位安全生产、职业卫生、劳动保护等方面的意见和建议。⑤针对企业安全生产存在的问题及隐患，对作业现场进行抽查或专项检查。

五、工会劳动保护监督的法律责任

（一）参与劳动安全卫生立法和相关政策的制定

工会代表和组织职工参与国家事务，是劳动者管理国家事务的基本途径和形式。《工会法》第五条规定，工会组织和教育职工依照宪法和法律的规定行使民主权利，发挥国家主人翁的作用，通过各种途径和形式，参与管理国家事务、管理经济和文化事业、管理社会事务。工会通过劳动安全卫生立法和政策参与，反映劳动安全卫生工作中存在的突出问题和广大职工的意愿、要求，从源头上维护劳动者安全卫生合法权益。

（二）对用人单位履行劳动安全卫生法律、法规、标准的情况进行监督

从一定意义上说，法律、法规的执行与制定同等重要。工会作为我国重要的社会政治团体，在性质上与国家权力机关、司法机关和行政机关有很大不同。工会不是执法主体，在推动法律法规的贯彻实施上，其主要着力点在于监督。监督的重点是各级政府和企业对劳动安全卫生法律、法规、标准的执行情况，对监督过程中发现的问题，要求及时纠正，或提交政府相关部门依法处理。与此同时，各级工会还应积极配合人大、政府及其有关部门开展对相关法律法规执行情况的检查，对违反法律法规的行为，特别是严重侵犯劳动者和工会组织合法权益的重大案件，要求政府或司法机关依法予以查处。

（三）对劳动者进行安全卫生教育培训

开展劳动安全卫生教育培训，帮助劳动者提高劳动安全卫生意识和技能，是工会维护劳动者安全卫生合法权益的重要途径，也是发动职工参与企业安全生产管理的基本前提。用工制度的改革，劳动者的流动性增大，特别是新材料、新技术的应用，对劳动者安全生产技术技能提出了新的更高要求。一些农民工由于缺少基本的劳动安全卫生知识、缺少对各类事故和职业伤害的防范能力，往往既是事故的受害者，又是事故的直接责任者。工会组织有责任帮助他们提高劳动安全卫生素质，增强自我保护能力。

（四）对事故隐患和职业病危害作业点的监督整改

及时整改生产过程中的各类事故隐患和职业病危害，是贯彻“安全第一，预防为主，综合治理”方针，预防发生事故和职业病危害的一项重要措施，也是工会劳动保护监督检查的重要任务。《安全生产法》第六十规定，工会发现生产经营单位违章指挥、强令冒险作业或者发现事故隐患时，有权提出解决的建议，生产经营单位应当及时研究答复；发现危及从业人员生命安全的情况时，有权向生产经营单位建议组织从业人员撤离危险场所，生产经营单位必须立即作出处理。《职业病防治法》第四十条规定，工会组织对用人单位违反职业病防治法律、法规，侵犯劳动者合法权益的行为，有权要求纠正；产生严重职业病危害时，有权要求采取防护措施，或者向政府有关部门建议采取强制性措施；发生职业病危害事故时，有权参与事故调查处理；发现危及劳动者生命健康的情形时，有权向用人单位建议组织劳动者撤离危险现场，用人单位应当立即作出处理。

（五）参加伤亡事故和侵害职工健康权益事件的调查处理

《工会法》第二十七条规定，职工因工伤亡事故和其他严重危害职工健康问题的调查处理，必须有工会参加。工会应当向有关部门提出处理意见，并有权要求追究直接负责的主管人员和有关责任人员的责任。《安全生产法》第六十条规定，工会有权依法参加事故调查，向有关部门提出处理意见，并要求追究有关人员的责任。《职业病防治法》第四十条规定，发生职业病危害事故时，工会有权参与事故调查处理。

（六）为劳动者维护自身劳动安全卫生合法权益提供帮助和服务

上述的工会职责是工会为维护劳动者劳动安全卫生合法权益而提供的帮助和服务。

除此之外，工会为劳动者提供帮助和服务的内容还包括在劳动者的安全卫生合法权益受到侵害而引发诉讼等法律服务。

本章小结

劳动基准法明确了关于工资、工时和职业安全卫生等劳动条件和劳动待遇的最低标准。劳动基准反映了我国法定的劳动者在劳动关系中所得劳动条件的最低法定标准。劳动保护是我国的一项重要政策，是国家为保护劳动者在生产活动中的安全和健康，在改善劳动条件、防止工伤事故、预防职业病、实行劳逸结合、加强女工保护等方面所采取的各种组织措施和技术措施，而对女职工和未成年工实施特殊劳动保护。工会对国家行政机关和用人单位行政部门在执行国家劳动法律、法规和相关政策上具有劳动保护监督的权利。工会作为职工利益的代表者、表达者和维护者，在劳动保护工作中，具有独特的地位，在维护服务职工安全健康权益中发挥着重要作用。

关键术语

劳动基准　劳动保护　最低工资　工作时间　延长工作时间　休息休假　未成年工　女职工　劳动安全卫生　职业病　工会劳动保护

思考题

1. 什么是劳动基准？如何从工资、工时、休息休假和劳动安全卫生视角科学认识劳动基准的法律规制？

2. 什么是劳动保护？如何理解女职工和未成年工的特殊劳动保护规定？

3. 结合相关劳动法律法规，简述女职工和未成年工禁忌从事的劳动范围？

4. 结合工会工作实际，简述当前我国工会劳动保护工作的方法与载体。

5. 结合工会劳动保护监督的组织建设要求，试述新时代下工会劳动保护监督职责的主要内容。

延伸阅读

[1] 关怀. 劳动法教程 [M]. 北京：法律出版社，2007.

[2] 常凯. 劳动法 [M]. 北京：高等教育出版社，2011.

[3] 王全兴. 劳动法 [M]. 北京：法律出版社，2008.

[4] 任国友. 工会劳动保护监督检查员工作指南 [M]. 北京：中国工人出版社，2015.

[5] 田思路. 外国劳动法学 [M]. 北京：北京大学出版社，2019.

参考文献

[1] 关怀. 劳动法教程 [M]. 北京：法律出版社，2007.

[2] 常凯. 劳动法 [M]. 北京：高等教育出版社，2011.

[3] 刘向兵. 劳动关系概论 [M]. 北京：高等教育出版社，2022.

[4] 孟燕华，任国友. 职业安全卫生概论 [M]. 北京：中国工人出版社，2015.

[5] 任国友. 工会劳动保护监督检查员工作指南 [M]. 北京：中国工人出版社，2015.

[6] 张恺源. 我国劳动基准法立法研究 [D]. 南京：南京航空航天大学，2016.

[7] 任国友. 工会劳动保护工作实用全书（修订版）[M]. 北京：中国工人出版社，2016.

[8] 李玉赋. 工会劳动和经济工作概论 [M]. 北京：中国工人出版社，2018.

[9] 田思路. 外国劳动法学 [M]. 北京：北京大学出版社，2019.

[10] 叶欢. 劳动基准法的基本范畴和体系定位 [J]. 中国劳动关系学院学报，2020，34（1）：51－59.

第三章

劳动风险因素识别

劳动可以分为生产性劳动（也称生产劳动）、服务性劳动和家务劳动，其中生产劳动是指直接创造物质财富和精神财富的劳动，主要包括农业、工业、建筑业等行业的劳动，是通常所说劳动的主要表现形式。生产劳动风险因素识别包括职业病危害因素识别、生产事故隐患排查和致因分析。职业病危害因素识别与分析是按照划分的评价单元，在工程分析和职业卫生调查的基础上，识别建设项目生产工艺过程、生产环境、劳动过程以及人员。

全覆盖多维度排查事故隐患

“配电室怎么能堆杂物?”“你们的灭火器在哪里?”……2021年6月16日晚，在黄石港区安委会组织下，由该区应急管理、市场监管、消防救援等各单位组成的联合检查组来到辖区内各娱乐场所开展夜查行动，一进门就开始找问题，不放过一丝一毫的安全隐患。

这一幕是连日来黄石市安全隐患拉网式排查的一个缩影。自十堰市“6·13”事故后，黄石市深刻吸取教训迅速行动，立刻在全市范围内开展了多维度安全隐患排查，覆盖包括燃气安全在内的方方面面。

西塞山区安委会成立8个专项检查组，开展危化、加油站、商贸业、旅游景点、特种设备安全等重点领域检查。据统计，目前共排查企业337家，发现隐患72个，已整改41个。针对未整改的隐患，西塞山区安委办下达督办函5份。

大冶市应急管理局从宣传着手，奔赴湖北三鑫金铜股份有限公司等企业开展安全宣传进企业活动。从安全监管有新变化、刑法修正有新规定、人民期待有新高度等多方面进行宣传培训，并结合当前安全生产工作实际，就安全管理、隐患排查、应急处置等方面对安全监管工作提出了具体要求。

阳新县自6月16日起至7月5日，所有驻点干部深入厂矿车间，与工人同吃同住，同工同寝，按照安全风险与隐患排查治理双重预防体系要求，深入开展“全覆盖”拉网式隐患排查治理。据统计，此次驻点监管，共派出监管人员15人，驻点包矿（厂）26家。

下陆区组成检查组14日对中冶南方、嘉瑞新能源、金花小区四期、铜花路沿街店面等地进行安全生产大检查，加大燃气和危险品的安全监管力度，严厉打击违法私装燃气管道等违法行为。

在金海管理区，端午期间安监办人员对辖区内13家商铺、超市展开全面排查，重点检查了餐饮饭店、工矿企业，对存在的安全隐患及时下达整改通知单。

市安全生产委员会要求，要将安全生产检查与安全生产专项整治三年行动结合起来，特别是在重点领域，如矿山及尾矿库、城镇燃气、油气长输管线、危化品等行业领域加强安全整治，坚决遏制各类事故发生，确保人民群众安全。

资料来源：https://baijiahao.baidu.com/s?id=1703172006195020643&wfr=spider&for=pc

【案例思考】

（1）十堰市“6·13”事故的深刻教训是什么？

（2）全覆盖多维度排查事故隐患对于预防事故有什么重要意义？

（3）风险识别和事故隐患排查的本质区别是什么？

第一节　劳动过程中职业病危害因素识别

职业病危害因素，又称职业危害因素、职业性有害因素，是指对从事职业活动的劳动者可能导致职业病的各种危害。职业病危害因素包括职业活动中存在的各种有害的化学、物理、生物因素以及在作业过程中产生的其他职业有害因素。

一、职业病危害因素的分类

（一）职业病危害因素的类型

1. 按照危害因素来源分类

（1）生产工艺过程中产生的有害因素。主要包括化学因素、物理因素及生物因素，化学因素又分为生产性粉尘及化学物质。

（2）劳动过程中的有害因素。主要包括劳动组织和劳动制度不合理、劳动强度过大、过度精神或心理紧张、劳动时个别器官或系统过度紧张、长时间不良体位、劳动工具不合理等。

（3）生产环境中的有害因素。主要包括自然环境因素、厂房建筑或布局不合理、来自其他生产过程散发的有害因素造成的生产环境污染。

2. 按照危害因素性质分类

2002年3月11日原卫生部印发的《职业病危害因素分类目录（2002版）》（已废止失效）是按照危害因素性质和所导致的职业病进行分类，但各类危害因素之间存在一定的交叉重复。2015年11月17日，国家卫生计生委（现国家卫健委）、国家安全监管总局（现应急管理部）、人力资源社会保障部和全国总工会联合颁布《职业病危害因素分类目录（2015 版）》（国卫疾控发〔2015〕92 号）。为避免这种交叉重复，本次修订只按照危害因素性质进行分类，调整后的《职业病危害因素分类目录》将职业病危害因素分为粉尘、化学因素、物理因素、放射性因素、生物因素和其他因素等 6 类共 459 种，即粉尘 52 种、化学因素 375 种、物理因素 15 种、放射性因素 8 种、生物因素 6 种、其他因素 3 种。

（二）生产性粉尘

粉尘（Dust）是指悬浮在空气中的固体微粒。生产性粉尘（Industrial Dust）是指在生产过程中形成的，能较长时间悬浮在作业场所空气中的固体微粒。

1. 生产性粉尘及其分类

（1）按粉尘性质划分。生产性粉尘分为无机粉尘（如煤尘、铅尘、石棉尘、水泥尘）、有机粉尘（如动物性、植物性和人工合成粉尘）和混合性粉尘（多种粉尘混合而成，在生产中最常见）。

（2）按大气中粉尘微粒大小划分。生产性粉尘分为总悬浮微粒（指大气中粒径小于 100 微米的所有固体微粒）、飘尘（即浮游粉尘，可吸入颗粒物，简称 PM10，是指大气中粒径小于 10 微米的固体微粒，能较长期地在大气粉尘中飘浮）、细颗粒物（即可入肺颗粒物，简称 PM2. 5，是指大气中粒径小于或等于 2. 5 微米的颗粒物）和降尘（指大气中粒径大于 10 微米的固体微粒）。

（3）按粒径大小划分。生产性粉尘分为粗尘（粒径为 1 ~ 40 微米，相当于一般筛分的最小粒径，在空气中极易沉降，肉眼可见）、细尘（粒径为 10 ~ 40 微米，在明亮光线下肉眼可以见到，在静止空气中做加速沉降运动，但作业场所气流有多种因素使其扰动，所以该部分粉尘能长时间悬浮在空气中）、微尘（粒径为 0. 25 ~ 10 微米，用光学显微镜可以观察到，在静止空气中做等速沉降运动）和超微尘（粒径小于 0. 25 微米，需用电子显微镜才能观察到，在空气中做扩散运动）。

（4）按法定职业病的致病原因划分。依据《职业病危害因素分类目录》（国卫疾控发〔2015〕92 号）规定，生产性粉尘分为矽尘、煤尘、水泥粉尘等 52 类。

2. 生产性粉尘的危害

生产性粉尘的危害主要表现为：一是对人体的危害（如尘肺病、局部作用及中毒）；二是对生产的危害（如仪器精度下降、使用寿命缩短、产品质量下降、使工作场所能见度下降、可能发生爆炸）；三是对环境的危害（如形成严重的大气污染、建筑物表面被腐蚀、降低大气可见度）。

3. 生产性粉尘的识别及接触机会

（1）生产性粉尘的职业接触机会。主要包括三种方式：一是固体物质的破碎与加工（如水泥加工）；二是物质的不完全燃烧（如木材的燃烧烟尘）；三是蒸气的冷凝和氧化（如氧化铅烟尘）。

（2）生产性粉尘的识别。主要包括：一是根据工艺、设备、物料、操作条件，分

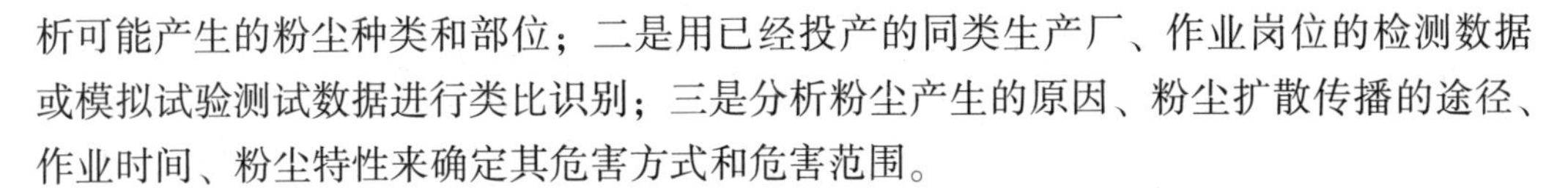

析可能产生的粉尘种类和部位；二是用已经投产的同类生产厂、作业岗位的检测数据或模拟试验测试数据进行类比识别；三是分析粉尘产生的原因、粉尘扩散传播的途径、作业时间、粉尘特性来确定其危害方式和危害范围。

4. 生产性粉尘职业危害的主要影响因素

（1）粉尘浓度和暴露时间。粉尘浓度和暴露时间直接决定粉尘对人体的危害程度，粉尘浓度愈高，暴露时间愈长，则危害愈大。

（2）粉尘的化学组成。粉尘的化学组成是决定其对人体危害性质和严重程度的重要因素。如游离二氧化硅是粉尘矽肺的病源，其含量越高，危害越大，引起的病变越严重，病变的发展速度也越快。

（3）粉尘溶解度。粉尘溶解度大小与对人体的危害程度具有相关关系。主要呈化学性作用的粉尘，随溶解度的增加其危害作用增大；呈机械刺激作用的粉尘与此相反，随溶解度的增加其危害作用减弱。

（4）粉尘的形状和硬度。作用于上呼吸道、眼睛、黏膜和皮肤时，粉尘形状和硬度具有一定意义。锐利而坚硬的粉尘往往引起较大的机械损伤；柔软的长纤维状有机粉尘，易引发慢性支气管炎及气管炎。

（三）生产性毒物

毒物是指有毒的化学物质，进入人体后可被溶解、吸收，并在分子或细胞水平上对人体产生毒害作用，扰乱或破坏机体的正常生理机能，较小的剂量即可引起机体急性或慢性病变，甚至危及生命。生产过程中产生的或存在于工作场所空气中的各种毒物称为生产性毒物。

1. 生产性毒物及其分类

（1）按照物理形态分类。生产性毒物主要包括气体（如氯气、甲烷）、蒸气（如苯）、雾（悬浮于空气中的液体微粒，如漆雾）、烟（物质的加热或燃烧产生的悬浮于空气中粒径小于0.1微米的固体微粒，如电焊烟尘）和粉尘（能较长时间悬浮于空气中，粒径大于0.1微米的固体微粒，如破碎产生的烟尘）。

（2）按照化学类属分类。生产性毒物主要包括无机毒物（如酸、碱、盐）和有机毒物（如苯、二甲苯）。

（3）按照毒性作用分类。生产性毒物主要包括刺激性毒物（如氨气、氯气）、窒息性毒物（如一氧化碳、氮气）、麻醉性毒物（如苯胺、硝基苯）和全身性毒物（如铅、汞）。

2. 影响生产性毒物作用的因素

生产性毒物可经呼吸道、皮肤和消化道进入人体；毒物进入人体后，通过血液循环分布到全身各组织内。毒物对人体的作用性质和毒性大小受到以下因素的影响：

（1）化学结构。毒物的化学结构决定其在体内参与和干扰各种生化反应的能力，在某种程度上决定了其毒性的大小。毒物的化学结构与毒性大小之间具有一定的规律性，如烷、醇等碳氢化合物与其同系物相比，碳原子数愈多，毒性愈大（甲醇与甲醛除外）；当碳原子数超过一定的限度（7～9个），毒性反而迅速下降；烷烃类对肝脏的毒性可因卤素的增多而增强，如 $CCl_4 > CHCl_3 > CH_2Cl_2 > CH_3Cl_1$；基团的位置也影响其毒性的大小，如带两个基团的苯环化合物，其毒性为：对位 > 邻位 > 间位，即分子对称的化合物毒性较大；分子的毒性随分子中不饱和键的增加而增加，如乙炔 > 乙烯 > 乙烷等。

（2）理化性质。毒物的理化性质对其在外环境中的稳定性、进入人体的机会以及在人体内的生物转化均具有重要的影响。毒物在水中或体液中的溶解度直接影响其毒性大小，溶解度越大，通常其毒性越大；脂溶性物质易在脂肪内蓄积，易侵犯神经系统。毒物的分散度越大，其化学活性越大，越易随呼吸进入人体，其毒性就越大；毒物的挥发性越强，在空气中的浓度越高，进入人体的可能性就越大。

（3）联合作用。在生产环境中，常有数种毒物或其他形式的有害因素同时存在，这些有害因素可同时或先后共同作用于人体，其毒效应表现为：相加作用，多种毒物同时存在于生产环境中，毒性表现为其作用总和；相乘作用，多种毒物联合作用的毒性大过这几种毒物毒性的总和，即增毒作用；拮抗作用，多种毒物联合作用的毒性低于各种毒物毒性的总和。

特别注意，依据《工作场所有害因素职业接触限值　第 1 部分：化学有害因素》（GBZ 2.1—2019）的有关规定：

一是当工作场所中存在两种或两种以上化学物质时，若缺乏联合作用的毒理学资料，应分别测定各化学物质的浓度，并按各个物质的职业接触限值进行评价。

二是当两种或两种以上有毒物质共同作用于同一器官、系统或具有相似的毒性作用，或已知这些物质可产生相加作用时，则应按下列公式计算结果，进行评价：

$$\frac{C_1}{PC-TWA_1} \leqslant 1;\quad \frac{C_2}{PC-TWA_2} \leqslant 1;\quad \frac{C_n}{PC-TWA_n} \leqslant 1 \qquad (3-1)$$

式中：C_1、C_2、…、C_n 为所测得的各化学有害因素的浓度；$PC-TWA_1$、$PC-TWA_2$、…、$PC-TWA_n$ 为各化学物质相应的容许浓度限值。

据此算出的比值总和 ≤1 时，表示未超过限值，符合卫生要求；反之，当比值 >1 时，表示超过职业接触限值，不符合卫生要求。

（4）剂量、浓度及接触时间。毒物不论毒性大小如何，均需要在体内达到一定的数量才会引起中毒。空气中毒物浓度越高、接触时间越长，则进入人体的量越大，也越容易发生中毒。

（5）生产环境和劳动强度。生产环境，如温度、湿度、气压等因素，对毒物的毒性也有影响。高温条件能促进毒物的挥发，高湿度可使氯化氢等毒物的毒性增加，高气压能使溶解于体液中的毒物量增多。劳动强度对毒物的吸收、分布、排泄均有明显的影响。劳动强度大、呼吸量增大，代谢及吸收毒物的速度也常随之加快。

（6）个体敏感性。毒效应是毒物与人体相互作用的体现，故个体敏感性对毒物的毒性也具有一定程度的影响。同一接触条件下，不同个体对同一毒物毒作用的反应相差很大，造成这种差异的因素很多，如年龄、性别、健康状况、免疫状况、个体遗传特性等。

3. 生产性毒物的来源及接触机会

（1）生产性毒物的来源及存在形式。在生产过程中，生产性毒物主要来源于原料（如生产氯乙烯的乙烯和氯气）、辅助材料（如生产乙醛时使用汞做催化剂）、中间产品（如生产苯胺时产生的硝基苯）、半成品、成品（如农药厂生产的对硫磷）、夹杂物（如炼锡过程中夹杂锌、铅）、废气、废液、废渣（俗称工业“三废”），以及加热分解产物和反应产物（如聚氯乙烯塑料加热至160～170 ℃时分解产生氯化氢）。在生产过程中，生产性毒物通常以固态、液态、气态或气溶胶的形式存在于生产环境中。其中以气态或气溶胶状态存在的毒物最常见且对人体的危害最大。

（2）生产性毒物的接触机会。在生产过程中，可能接触到毒物的操作过程和生产环节：一是原料的开采与提炼（如工艺过程可能产生粉尘、蒸气或烟）；二是材料的搬运、储藏与加工（如搬运过程中粉尘的飞扬、液体的渗漏）；三是加料与出料（如手工加料时，固体原料可能导致粉尘飞扬，液体原料可能会有溢出）；四是化学反应（如化学反应中冒锅、冲料）；五是辅助操作（如化学品的采样和分析、设备的维修和保养、废料的处理和回收）；六是其他生产过程（如可能会使用到有毒物质做原料、溶剂、催化剂等的其他工艺）。

4. 职业性接触毒物容许浓度及危害程度分级

（1）职业性接触毒物容许浓度。《工作场所有害因素职业接触限值 第1部分：化学有害因素》（GBZ 2.1—2019）规定了常见毒物职业接触限值，如表3－1所示。

表3－1　常见毒物职业接触限值

物质名称	职业接触限值（OELs）/（毫克/立方米）			备注
	MAC	PC－TWA	PC－STEL	
氨	—	20	30	
苯	—	6	10	①
二氧化氮		5	10	—
二氧化硫		5	10	
硫化氢	10			
氯	1			
氯化氢及盐酸	7.5			
一氧化氮		15		
一氧化碳（非高原） 高原（海拔2 000～3 000米） （海拔>3 000米）	 20 15	20 — —	30 — —	

①可因皮肤、黏膜和眼睛直接接触蒸气、液体和固体，通过完整的皮肤吸收引起全身效应。

（2）职业性接触毒物危害程度分级。《职业性接触毒物危害程度分级》（GBZ 230—2010）中以毒物的急性毒性、扩散性、蓄积性、致癌性、生殖毒性、致敏性、刺激与腐蚀性、实际危害后果与预后等9项指标计算毒物危害指数，将毒物分为轻度危害、中度危害、高度危害和极度危害四级。

（3）工作场所职业病危害作业分级。《工作场所职业病危害作业分级 第2部分：化学物》（GBZ/T 229.2—2010）依据化学物的危害程度、化学物的职业接触限值和劳动者的体力劳动强度的权数计算分级指数，将职业病危害作业分为相对无害作业（0级）、轻度危害作业（Ⅰ级）、中度危害作业（Ⅱ级）、重度危害（Ⅲ级）。对于有毒作业，应根据分级采取相应的控制措施。职业病危害作业分级如表3－2所示。

表3－2 职业病危害作业分级

危害程度	体力劳动强度	职业接触比值						
		<1	~2	~4	~6	~8	~24	>24
轻度危害	Ⅰ	0	Ⅰ	Ⅰ	Ⅰ	Ⅱ	Ⅱ	Ⅲ
	Ⅱ	0	Ⅰ	Ⅰ	Ⅱ	Ⅱ	Ⅲ	Ⅲ
	Ⅲ	0	Ⅰ	Ⅱ	Ⅱ	Ⅱ	Ⅲ	Ⅲ
	Ⅳ	0	Ⅰ	Ⅱ	Ⅱ	Ⅱ	Ⅲ	Ⅲ
中度危害	Ⅰ	0	Ⅰ	Ⅱ	Ⅱ	Ⅱ	Ⅲ	Ⅲ
	Ⅱ	0	Ⅰ	Ⅱ	Ⅱ	Ⅱ	Ⅲ	Ⅲ
	Ⅲ	0	Ⅱ	Ⅱ	Ⅱ	Ⅲ	Ⅲ	Ⅲ
	Ⅳ	0	Ⅱ	Ⅱ	Ⅲ	Ⅲ	Ⅲ	Ⅲ
重度危害	Ⅰ	0	Ⅱ	Ⅱ	Ⅱ	Ⅲ	Ⅲ	Ⅲ
	Ⅱ	0	Ⅱ	Ⅱ	Ⅲ	Ⅲ	Ⅲ	Ⅲ
	Ⅲ	0	Ⅱ	Ⅲ	Ⅲ	Ⅲ	Ⅲ	Ⅲ
	Ⅳ	0	Ⅱ	Ⅲ	Ⅲ	Ⅲ	Ⅲ	Ⅲ
极度危害	Ⅰ	0	Ⅱ	Ⅲ	Ⅲ	Ⅲ	Ⅲ	Ⅲ
	Ⅱ	0	Ⅱ	Ⅲ	Ⅲ	Ⅲ	Ⅲ	Ⅲ
	Ⅲ	0	Ⅲ	Ⅲ	Ⅲ	Ⅲ	Ⅲ	Ⅲ
	Ⅳ	0	Ⅲ	Ⅲ	Ⅲ	Ⅲ	Ⅲ	Ⅲ

（四）生产性噪声

声音由物体机械振动产生。物体振动时，其能量可以在弹性介质中以波的形式向外传播，因此声音本质上是一种波动，故又称声波。发声物体称为声源。振动在媒质中传播的速度是声速。声波通过一个波长的距离所用的时间，称为周期。波长是指振动经过一个周期声波传播的距离。物体在 1 秒钟内振动的次数称为频率，单位为赫兹（Hz）。声源振动的频率决定了音调的高低，由于振动频率在传播过程中不发生改变，故声音的频率就是指声源振动的频率。人耳能够听到的声音频率为 20 ~ 20 000 赫兹。小于 20 赫兹的声波称为次声，低于人耳听阈下线的感觉，故人耳听不到。物理学所说的噪声是指频率、振动上杂乱、间歇或随机的声音；生理学、心理学所说的噪声，是指足以干扰人们心理或生理、影响人们生活和健康的一切声音；广义上的噪声就是人们不需要的一切声音。判断一个声音是否是噪声，主观因素起决定作用，即使是同一个人对同一声音，在不同的时间、地点等条件下，经常会有不同的判断。如思考问题时，谈话的声音或者音乐也可能成为噪声。

1. 生产性噪声及其分类

生产过程中产生的声音的频率、强度变化没有规律，易使人产生厌烦感，故称为生产性噪声。

（1）按照声源特点分类。生产性噪声可分为空气动力性噪声（如喷射噪声）、机械动力性噪声（如齿轮噪声）和电磁动力噪声（如发电机噪声）。

（2）按照噪声频率分类。生产性噪声可分为低频噪声（低于 500 赫兹）、中频噪声（500 ~ 1 000 赫兹）和高频噪声（高于 1 000 赫兹）。

2. 影响噪声对机体作用的因素

（1）噪声的强度。噪声的强度愈大，听力损伤出现得愈早，损伤愈严重。

（2）噪声的接触时间和接触方式。接触时间愈长，对机体的影响愈大，且连续接触比间断接触的影响大。缩短接触时间或暂时脱离噪声岗位，有利于恢复听觉疲劳以及减轻危害。

（3）噪声的频谱。在相同的噪声强度下，以高频声为主的噪声比以低频声为主的噪声对听力的损害大；窄频带噪声比宽频带噪声危害大。

（4）噪声的类型。脉冲噪声比稳态噪声危害大。接触脉冲噪声的作业人员无论是耳聋、高血压，还是中枢神经系统调节功能减弱等异常改变的检出率，均高于接触稳态噪声的作业人员。

（5）其他有害因素的共同作用。如振动、高温、低温以及有毒物质共同存在时，均能加强噪声的不良作用，尤其对听觉器官和心血管系统影响更加明显。

（6）个体敏感性。个体健康状况不佳或对噪声敏感的人群，会加重噪声的危害程度。

3. 接触生产性噪声的机会

在生产作业中，能够产生噪声的作业种类很多，受强烈噪声作用的主要工种有铸件清理工、凿岩工、纺织工、发动机试验员、飞机、火车驾驶员等。

4. 工业场所噪声职业接触限值及危害作业分级

（1）工业场所噪声职业接触限值。《工作场所有害因素职业接触限值 第 2 部分：物理因素》（GBZ 2.2—2007）规定的工作场所噪声职业接触限值（见表 3 – 3）和脉冲噪声职业接触限值（见表3－4）。脉冲噪声（Impulsive Noise）是指突然爆发又很快消失，持续时间小于0.5秒，间隔时间大于1秒，声压有效值变化大于40分贝的噪声。

表3－3 工作场所噪声职业接触限值

接触时间	接触限值/分贝（A）	备注
5天/周，工作时间＝8小时/天	85	8小时等效A声级
5天/周，工作时间≠8小时/天	85	8小时等效A声级
≠5天/周	85	40小时等效A声级

表3－4 脉冲噪声职业限值

工作日接触脉冲噪声次数 n/次	声压级峰值/分贝（A）
$n \leqslant 100$	140
$100 < n \leqslant 1\ 000$	130
$1\ 000 < n \leqslant 10\ 000$	120

（2）工业场所噪声作业危害分级。

《工作场所职业病危害作业分级 第4部分：噪声》（GBZ/T 229.4—2012），根据劳动者接触噪声水平和接触时间，分为四级，如表3－5所示。

表3－5 噪声作业分级

分级	8小时等效A声级，LEX，8小时/分贝	危害程度
Ⅰ	85≤LEX，8小时＜90	轻度危害
Ⅱ	90＜LEX，8小时＜94	中度危害
Ⅲ	95＜LEX，8小时＜100	重度危害
Ⅳ	LEX，8小时≥100	极度危害

轻度危害（Ⅰ级）：在目前作业条件下，可能对劳动者的听力产生不良影响。应该改善工作环境，降低劳动者实际接触水平，设置噪声危害和防护标识，佩戴噪声防护用品，对劳动者进行职业卫生培训，采取职业健康监护、定期作业场所监测等措施。

中度危害（Ⅱ级）：在目前作业条件下，很可能对劳动者的听力产生不良影响。针对企业特点，在采取上述措施的同时，采取纠正和管理行动，降低劳动者实际接触水平。

重度危害（Ⅲ级）：在目前作业条件下，会对劳动者的健康产生不良影响。除了上述措施外，尽可能采取工程技术措施，进行相应的整改，整改完成后，重新对作业场所进行职业卫生评价和噪声分级。

极重危害（Ⅳ级）：在目前作业条件下，会对劳动者的健康产生不良影响。除了上述措施外，及时采取工程技术措施进行相应的整改，整改完成后，对控制和防护效果进行卫生评价和噪声分级。

二、职业病危害因素识别

（一）正常生产状况下职业病危害因素识别

正常生产状况下职业病危害因素识别主要包括定性识别和定量识别。

1. 职业病危害因素识别的一般原则

（1）全面识别原则。一般来讲，某种工作场所所包含的职业病危害因素比较单纯。而对于一个建设项目，特别是工艺复杂的建设项目，其整个生产过程中所包含的职业病危害因素错综复杂。在进行职业病危害因素识别时，要求工作人员既要有娴熟的专业基础知识，包括职业卫生、卫生工程、卫生检验等知识，同时还要有丰富的现场工作经验和工业技术常识。在识别过程中，首先应遵守全面识别的原则，从建设项目工程内容、工艺流程、流料流程、维修检修等多方面入手，逐一识别，分类列出，然后对因素的危害程度做出进一步的识别。不仅要识别正常生产、操作过程中可能产生的职业病危害因素，还应分析开车、停车、检修及事故等情况下可能产生的偶发性职业病危害因素。

（2）主次分明原则。全面识别职业病危害因素是为了避免遗漏。而筛选主要职业病危害因素则是为了去粗取精，抓住重点。在工作中，对建设项目可能存在的职业病危害因素种类、危害程度，以及可能产生的后果等进行综合分析，也是为了筛选重点，抓住起主导作用的危害因素。此外，每一种危害因素因其自身的理化特性、毒性、生产环境中存在的浓度（强度）及接触机会等的不同，对作业人员的危害程度相差甚远。因此，在识别过程中应做到主次分明，避免面面俱到，分散精力。

（3）定性与定量相结合原则。在对职业病危害因素全面定性识别后，通常还需对主要职业病危害因素进行定量识别。通过现场采样分析，进一步判断其是否超过国家职业卫生标准规定的职业接触限值，以此作为评价工作场所或建设项目职业病危害控制效果的客观指标。因此，在建设项目职业病危害评价工作中对职业病危害因素的识别需采取定性与定量相结合的原则。

2. 职业病危害因素识别的一般内容

（1）职业病危害因素的来源。亦即通过职业卫生现场调查（类比调查）、工程分析等方法，识别每一职业病危害因素产生的具体生产工艺过程、劳动过程或生产环境，以及每一具体生产工艺过程、劳动过程或生产环境产生职业病危害因素的发生方式等。

（2）职业病危害因素的分布。亦即通过职业卫生现场调查（类比调查）、工程分析等方法，识别每一具体生产工艺过程、劳动过程或生产环境所产生的职业病危害因素主要影响到哪些具体工作地点。

（3）职业病危害因素的影响人员。亦即通过职业卫生现场调查（类比调查）、工程分析等方法，识别分布于不同工作地点的职业病危害因素会对哪些作业人员产生有害影响。

3. 职业病危害因素识别的一般方法

职业病危害因素识别的常用方法包括表格法、类比法、工程分析法、检测检验法、资料复用法、经验法和理论推算法。其中，表格法、类比法、工程分析法、检测检验法在第二章已介绍，本章重点介绍资料复用法、经验法和理论推算法。事实上，不同的方法有不同的优缺点，不同的项目有各自的特点，应根据实际情况综合运用、扬长避短，方可取得较好的效果。

（1）资料复用法。资料复用法是利用已完成的同类建设项目，或从文献中检索到的同类建设项目的职业病危害资料进行类比分析、定量和定性识别的方法。该法属于文献资料类比的范畴，具有简便易行等优点，但可靠性和准确性难以控制。

（2）经验法。经验法是依据其掌握的相关专业知识和实际工作经验，借助自身经验和判断能力对工作场所可能存在的职业病危害因素进行识别的方法。该方法主要适用于一些传统行业中采用传统工艺的工作场所的识别。其优点是简便易行；缺点是识别准确性受评价人员知识面、经验和资料的限制，易出现遗漏和偏差。为弥补上述不足，可采用召开专家座谈会的方式交流意见、集思广益，使职业病危害因素识别结果更加全面、可靠。

（3）理论推算法。理论推算法是一种职业病危害因素定量识别的方法。利用有害物扩散的物理化学原理，或噪声、电磁场等物理因素传播与叠加原理定量推算有害物存在浓度（强度）。如利用毒物扩散数学模型可预测与毒物散发源一定距离的某工作地点的毒物浓度，可利用噪声叠加原理预测工房内增加噪声源后噪声强度的变化。该方法是风险评价中最基础的方法。

4. 职业病危害因素识别的注意事项

（1）工程分析应全面深入。

（2）类比工程应选择适当。

（3）不能忽略劳动过程和生产环境中的职业性有害因素。

（4）职业病危害因素识别应主次分明。

（5）不能忽视特殊环境下的职业病危害因素识别。

（二）特殊环境职业病危害因素识别

1. 密闭空间职业病危害因素识别

《密闭空间作业职业危害防护规范》（GBZ/T 205—2018）规定，密闭空间（Confined Space，也称有限空间、受限空间）是与外界相对隔离，进出口受限，自然通风不良，足够容纳一人进入并从事非常规、非连续作业的有限空间。比如炉、塔、釜、罐、槽车以及管道、烟道、隧道、下水道、沟、坑、井、池、涵洞、船舱、地下仓库、储藏室、地窖、谷仓等。《工贸企业有限空间作业安全管理与监督暂行规定（2015 修正）》规定，有限空间是指封闭或者部分封闭，与外界相对隔离，出入口较为狭窄，作业人员不能长时间在内工作，自然通风不良，易造成有毒有害、易燃易爆物质积聚或者氧含量不足的空间。调查资料揭示，我国近年来硫化氢和一氧化碳急性职业中毒事故频发，究其原因，50% 以上发生在密闭空间作业。因此，特殊情况下、特殊环境中职业病危害因素识别十分重要。

（1）密闭空间分类。

一是无须许可密闭空间。经定时监测和持续进行机械通风，能保证在密闭空间内安全作业，并不需要办理许可的密闭空间，称为无须许可密闭空间。二是需要许可密闭空间。可能产生职业病有害因素，或可能对进入者产生吞没危害，或内部结构易使进入者落入并引起窒息或迷失，或具有其他严重职业病危害因素存在等特征的密闭空间称为需要许可密闭空间。进入这类空间之前必须办理许可证，并应有专人安全监护。

（2）密闭空间存在的职业病危害。密闭空间存在的职业病危害主要表现在缺氧窒息和急性职业中毒两方面。

一是缺氧窒息。密闭空间在通风不良状况下，下列原因可能导致空气中氧气浓度下降：①可能残留的化学物质或容器壁本身的氧化反应导致空气中氧的消耗；②微生物的作用导致空间内氧浓度降低；③氮气吹扫置换后残留比例过大；④劳动者在密闭空间中从事电焊、动火等耗氧作业；⑤工作人员滞留时间过长，自身耗氧导致空间内氧浓度降低。

二是急性职业中毒。密闭空间中有毒物质可由下列原因产生：①盛装有毒物质的罐槽等容器未能彻底清洗、残留液体蒸发或残留气体未被吹扫置换；②密闭空间内残留物质发生化学反应，产生化学毒物的聚集；③密闭空间内残留化学物质吸潮后产生有毒物质；④密闭空间内有机质被微生物分解，产生如硫化氢、氨气等有毒物质；⑤密闭空间内进行电焊等维修作业产生高浓度的氮氧化物；⑥密闭空间内进行油漆作业产生大量的有机溶剂气体；⑦周围相对密度较大的有毒气体向密闭空间内聚集。

（3）密闭空间职业病危害因素识别要点。

一是重点关注密闭空间通风换气问题应对密闭空间有效容量大小、形状、进出口大小、自然通风情况及有无机械通风情况进行深入细致的调查分析，以判断该空间通风换气的能力。通风换气充分的密闭空间，有害物被稀释，职业病危害得以控制。

二是全面分析有毒气体可能产生的原因应从密闭空间建造材料、可能残留物、外来物化学性质、化学反应及微生物进行分析。

2. 异常运转情况下职业病危害因素识别

（1）试生产阶段。在生产线（装置）试生产或调试期间，往往存在特殊的职业病危害问题，许多急性职业中毒事故就发生在此阶段。试生产或调试期间职业病危害识别应充分考虑装置泄漏、仪表失灵、连锁装备异常、职业卫生防护设施运转不正常等异常情况可能导致的职业病危害因素问题。应做好应急救援预案和个人防护。

（2）异常开车与停车。在生产线（装置）异常开车、停车或紧急停车情况下，往往会导致生产工艺参数的波动，从而导致一些非正常生产情况下的职业病危害问题。对于这类问题应根据建设项目生产装置、工艺流程等情况具体分析。特别是连续生产的化工企业，必须配备必要的泄险容器和设备。对异常开车、停车或紧急停车情况下的职业病危害因素识别应充分考虑装置在紧急情况下的安全处置能力和防护设施的承受能力问题，根据各种假设的异常情况逐项排查，全面识别。

（3）设备事故。某些设备事故往往伴随有毒物质的异常泄漏与扩散，成为导致急性职业中毒的主要原因之一，应重点予以辨识。通过查阅建设项目的安全评价报告，找出设备事故的类型及可能导致的毒物泄漏与扩散情况，并用事故后果模拟分析法（如有毒气体半球扩散数学模型）等评估事故导致有毒物质泄漏影响的范围与现场浓度（即定量识别），为制定事故应急救援预案提供依据。

3. 维修时职业病危害因素识别

随着生产装置技术的进步，自动化、密闭化程度的增高，很多生产装置在正常生产工况下职业病危害基本能得到控制，但是在设备装置维修时却存在一些难以控制的职业病危害问题。如目前现代化的燃煤火力发电厂自动化程度高，生产过程中存在的有毒物质和粉尘职业病危害基本得到了控制。但在设备维修过程中，还存在锅炉维修时矽尘、氢氟酸、亚硝酸、放射线和高温等多种较为严重的职业病危害因素。因此，在建设项目职业病危害因素识别时应予以重视。

4. 项目建设期职业病危害因素识别

目前法规规定的建设项目职业病危害评价范围没有包括建设项目建设期间的职业病危害问题。事实上任何项目在建设期间都存在较为严重的职业病危害问题，甚至某些项目职业病危害主要集中在建设期。如水电站的建设，在勘探、建设期间存在较为严重的矽尘、水泥尘、电焊尘等职业病危害，而进入运行期后职业病危害因素则大为减少。可见，建设项目建设期间职业病危害因素识别与防护仍然是职业卫生工作不容忽视的问题。

5. 高原地区职业病危害因素识别

随着青藏铁路的开通和国内矿产资源紧缺局面的加剧，青藏高原矿产开发和工业化建设将进入快速发展期。可见在高原独特的地理、气象条件下职业病危害因素识别将成为人们关注的焦点。

（1）高原地区自然环境的特点。从医学角度来看，高原通常是指海拔在3 000米以上的地区。我国海拔在3 000米以上的地区主要分布在青藏高原、川藏高原、内蒙古高原、云贵高原和帕米尔高原等，其自然环境特征为：①低大气压、低氧分压，通常海拔高度每上升100米大气压下降0.7千帕；②低气温，海拔每上升1 000米气温下降5～6 ℃；③强太阳辐射和电离辐射，中午尤其强烈；④多风沙、风速高、气候干燥；⑤气候多变，部分地区一天见四季、夏季常出现雷暴与冰雹；⑥低沸点，不利于烹煮食物；⑦我国高原地区多为鼠疫自然疫源地，并有碘缺乏等地方病流行。

（2）职业病危害因素识别要点。

一是重视自然环境中危害因素的致病作用。高原地区自然环境存在低气压、缺氧、高寒、紫外线辐射强和自然疫源性疾病流行等危害因素。这些因素不仅可单独致病，还可加重生产过程中其他职业病危害因素的致病作用。如低气压环境中的缺氧除可导致高原病外，还可加重噪声的致耳聋作用、一氧化碳和硫化氢等的窒息作用；高寒环境除可导致冻伤外，还可加重振动的职业危害；强烈的紫外线除可导致皮肤和眼部病变外，还可诱发化学物质的致敏作用等。

二是低气压环境可能导致某些毒物浓度增高。在生产过程中对于某些由液体蒸发产生的毒物而言，从气体的亨利定律可知：有害气体向工作场所空气中蒸发的气体分压主要决定于工艺槽内化学物浓度和工艺温度等，而与大气压关系不大；即在高原和非高原地区相同工艺装置由液体蒸发产生的毒物在相同体积大气中的质量是等同的。根据《工作场所空气中有害物质监测的采样规范》（GBZ 159—2019）规定：工作场所空气样品的采样体积，在采样点温度低于5 ℃和高于35 ℃、大气压低于98.8 千帕和高于103.4 千帕时，应将采样体积换算成标准采样体积（即气温为 20 ℃，大气压为 101.3 千帕）。在零海拔高度地大气压为 101.3 千帕，而在海拔 3 000 米其大气压为 70.7 千帕，海拔5 000 米其大气压为53.9 千帕。可见上述工艺槽从海拔0 米地区移至海拔3 000 米和5 000 米地区后，其毒物蒸发浓度可能提高0.43 倍和0.88 倍（$101.3 \div 53.9 - 1 = 0.88$）。此外，大气压的降低可导致液体物质沸点下移，可能加快某些有机溶剂的蒸发。因此，在高原特殊环境职业病危害因素识别时务必充分考虑低气压对毒物浓度的影响。

三是职业接触限值标准适应性问题。鉴于我国高原职业医学积累的科研成果和经验较少，且现行的职业卫生标准在制定时并未充分地考虑到高原低气压、缺氧、寒冷和强紫外线照射等高原环境因素与生产过程中产生的职业病危害因素致病的协同作用。因此，我国目前职业接触限值标准在高原地区的适应性仍然是一个值得探讨的问题。在实际工作中最好能考虑一定的安全系数，即将职业病危害因素强度（浓度）控制到比国家标准更低的水平。此外，适当地扩大工作人员健康监护对象的面、缩短监护周期、增加体检项目等都是十分必要的，以便为我国高原职业医学积累可贵的一手资料。

（三）典型行业职业病危害因素识别要点

1. 石油和天然气开采业

原油为无色到棕黑色有绿色荧光的油状液体，属于混合物，以烷烃、环烷烃、芳香烃等烃类物质为主，组成石油的化学元素主要为碳和氢，杂质可能含有硫、氮及微量金属元素。石油和天然气处理过程中使用阻垢剂、破乳剂、杀菌剂等，维修过程中使用油漆及电焊作业，钻井过程中使用钻井液、氢氧化钠、碳酸钠、硫酸钡、水泥等。

生产性粉尘包括维修作业时电焊产生的电焊烟尘、打磨作业产生的砂轮磨尘等，钻井过程中产生水泥粉尘等。有毒物质主要为原油及天然气挥发的甲烷、非甲烷总烃、苯、硫化氢、萘剂，防腐剂等产生苯、萘等，化验室可能使用正己烷等化学药剂，油漆中可能挥发二甲苯、乙醇、丁醇、乙苯、溶剂汽油、环己酮、正己烷、氧化锌等。钻井时泥浆池泥浆中挥发的溶剂汽油及使用氢氧化钠、碳酸钠等。

物理因素主要是各种机泵产生的噪声，石油及天然气开采场所大多数为露天作业，夏季巡检接触高温危害。石油和天然气采集输送过程主要职业病危害因素分布情况如表3－6所示。

表3－6 石油和天然气采集输送过程主要职业病危害因素分布情况

工序	主要设备	主要职业危害因素
原油及天然气采集输送	分离器、换热器、旋流器、泵、管汇等	非甲烷总烃、硫化氢、苯、甲苯、二甲苯、萘、噪声、高温
	发电机房	一氧化碳、氮氧化物、甲醛、丙烯醛、芳香烃、二氧化硫、噪声、高温
	化学药剂处理橇	甲醇、乙二醇、三甲苯、溶剂汽油、萘、磷酸
	化验室	正己烷、溶剂汽油、异丙醇、甲醇、丁醇、苯、甲苯、二甲苯等
	相流量计	电离辐射（γ射线）
原油及天然气钻井	钻台	非甲烷总烃、硫化氢、苯、甲苯、二甲苯、萘、氨、二氧化硫、噪声、高温、手传振动
	振动筛、散料间	非甲烷总烃、硫化氢、苯、甲苯、二甲苯、萘、重晶石粉尘、水泥粉尘、氢氧化钠、碳酸钠、氨、二氧化硫、噪声、高温
	泥浆池	非甲烷总烃、硫化氢、苯、甲苯、二甲苯、萘、氨、二氧化硫、噪声、高温

2. 机械设备制造业

机械制造主要包括铸造、锻压、热处理、表面处理、机械加工和装配等过程。常用的铸造方法为砂型铸造，即配料、造型、砂型、烘干、浇注、清砂等。锻压是对坯料施加外力、坯料变形、获得锻件。热处理是使金属部件在不改变外形的条件下，改变金属的硬度、韧度、弹性、导电性等。表面处理主要为电镀、涂装等。机械加工包括车、刨、铣、磨等。机械加工和装配过程主要产生矽尘、氧化铝粉尘、酚、氨、甲醛、一氧化碳、二氧化碳、二氧化硫、氮氧化物、甲醇、丙醇、丙酮、汽油、噪声。机械制造过程中主要职业病危害因素分布情况如表3－7所示。

表3－7 机械制造过程中主要职业病危害因素分布情况

工序	工作环节/岗位	主要职业病危害因素
铸造	配拌料	矽尘、氨、甲醛等
	造型	矽尘（使用石英砂、河砂）、氧化铝粉尘（使用电熔刚玉）、其他粉尘（使用镁砂、橄榄石砂、锆砂等）、甲醛、酚、氨、二乙胺、噪声、高温等

续表

<table>
<tr><th colspan="2">工序</th><th colspan="2">工作环节/岗位</th><th>主要职业病危害因素</th></tr>
<tr><td colspan="2" rowspan="4">铸造</td><td colspan="2">砂型与砂芯的烘干</td><td>高温，用煤和煤气做燃料会产生一氧化碳、二氧化碳、二氧化硫、氮氧化物；采用高频感应炉或微波炉加热时则存在高频电磁场和微波辐射</td></tr>
<tr><td colspan="2">熔炼</td><td>高温、一氧化碳、二氧化碳、二氧化硫、氮氧化物、金属烟雾、氟化氢（用萤石时）、噪声</td></tr>
<tr><td colspan="2">浇注</td><td>高温、金属氧化物及粉尘、一氧化碳、二氧化碳</td></tr>
<tr><td colspan="2">开箱、清砂</td><td>硅尘、噪声</td></tr>
<tr><td colspan="2" rowspan="4">锻压</td><td colspan="2">锤锻（空气锤、压力锤）、冲床、压床</td><td>噪声（脉冲噪声、稳态噪声）、振动（全身振动、局部振动）</td></tr>
<tr><td colspan="2">加热炉、锻打过程中</td><td>高温、噪声</td></tr>
<tr><td colspan="2">锻造炉</td><td>一氧化碳、二氧化碳、二氧化硫、氮氧化物</td></tr>
<tr><td colspan="2">锻造炉、锤锻工序中加料、出炉和锻造过程</td><td>金属粉尘、煤尘、石墨尘、其他粉尘</td></tr>
<tr><td colspan="2" rowspan="4">热处理</td><td colspan="2">高频电炉</td><td>高频电磁场、噪声、高温</td></tr>
<tr><td colspan="2">热处理过程</td><td>在渗碳、氰化等使用氰化盐（亚铁氰化钾，会产生氰化物；盐浴炉中熔融的硝酸盐与工件的油污作用产生氮氧化物；此外，使用不同溶剂时，产生甲醇、丙醇、丙酮、汽油等）</td></tr>
<tr><td colspan="2">各种风机、泵</td><td>噪声</td></tr>
<tr><td colspan="2">正火、退火、淬火等</td><td>高温</td></tr>
<tr><td rowspan="6">表面处理</td><td rowspan="6">电镀</td><td colspan="2">磨光、抛光</td><td>碳化硅粉尘、氧化铝粉尘、硅藻土粉尘、石灰石粉尘、硅尘、其他粉尘、三氧化二铬、噪声</td></tr>
<tr><td colspan="2">除油</td><td>汽油、苯系物、丙酮、二氯甲烷、四氯化碳、三氯乙烯、三氯乙烷、氢氧化钠、碳酸钠、噪声等</td></tr>
<tr><td colspan="2">浸蚀</td><td>硫酸、盐酸、二氧化氮、磷酸、氟化氢、氰化氢、氢氧化钠、电磁辐射、噪声等</td></tr>
<tr><td rowspan="3">镀金属</td><td>镀锌</td><td>氢氧化钠、碳酸钠、氧化锌、氧化铵、氰化物、氰化氢、氨</td></tr>
<tr><td>镀镍</td><td>二氧化氮、镍及其无机化合物、乙酸、氢氧化钠、氰化氢</td></tr>
<tr><td>镀铬</td><td>三氧化铬、硫酸、氟化氢、重铬酸钾、铬酸盐</td></tr>
</table>

续表

<table>
<tr><th colspan="2">工序</th><th colspan="2">工作环节/岗位</th><th>主要职业病危害因素</th></tr>
<tr><td rowspan="10">表面处理</td><td rowspan="5">电镀</td><td rowspan="5">镀金属</td><td>镀银</td><td>氢氧化钾、氰化物、氰化氢</td></tr>
<tr><td>镀铜</td><td>氰化物、氰化氢、氢氧化钠、碳酸钠、氨</td></tr>
<tr><td>镀铜锌合金</td><td>氰化物、氰化氢、氢氧化钠、碳酸钠</td></tr>
<tr><td>镀金合金</td><td>氰化物、氰化氢</td></tr>
<tr><td>镀铜锡合金</td><td>氰化物、氰化氢、氢氧化钠</td></tr>
<tr><td rowspan="5">喷涂</td><td rowspan="2">除锈</td><td>机械除锈</td><td>铁锈尘、矽尘、氧化铝尘、碳化硅尘、噪声等</td></tr>
<tr><td>化学除锈</td><td>硫酸、氧化氢、氮氧化物、氢氧化钠等</td></tr>
<tr><td colspan="2">除油（碱煮法）</td><td>氢氧化钠、碳酸钠、高温等</td></tr>
<tr><td colspan="2">静电喷涂</td><td>粉尘、噪声</td></tr>
<tr><td colspan="2">漆料配置及喷漆作业</td><td>苯、甲苯、二甲苯、乙酸乙酯、丙酮、丁醇、环已酮、1，2－二氯乙烯、乙酸丁酯、乙酸甲酯、甲醇、异丙醇、松节油</td></tr>
<tr><td colspan="2" rowspan="5">机械加工</td><td colspan="2">一般机械加工</td><td>金属粉尘、噪声</td></tr>
<tr><td colspan="2">电火花加工</td><td>金属烟尘、紫外辐射、极低频电磁辐射、噪声</td></tr>
<tr><td colspan="2">激光加工</td><td>激光辐射、金属烟尘</td></tr>
<tr><td colspan="2">电子束加工</td><td>X 射线、金属烟尘、臭氧、氮氧化物</td></tr>
<tr><td colspan="2">离子束加工</td><td>金属烟尘、紫外辐射、高频电磁辐射，使用钍钨电极时还有电离辐射</td></tr>
<tr><td colspan="2" rowspan="5">装配（焊接）</td><td colspan="2">手工电弧焊</td><td>电焊烟尘、一氧化碳、氮氧化物、臭氧、紫外辐射、噪声、焊条药皮中主要金属的氧化物、碱性焊条中的氟化氢</td></tr>
<tr><td colspan="2">埋弧焊</td><td>电焊烟尘、臭氧、噪声、焊丝焊剂中主要金属的氧化物，氟化氢（焊剂）</td></tr>
<tr><td colspan="2">二氧化碳气体保护焊</td><td>电焊烟尘、一氧化碳、氮氧化物、臭氧、紫外辐射、噪声、焊丝中主要金属的氧化物</td></tr>
<tr><td colspan="2">熔化电极氩弧焊</td><td>电焊烟尘、一氧化碳、氮氧化物、臭氧、紫外辐射、噪声、焊丝中主要金属的氧化物</td></tr>
<tr><td colspan="2">钍钨棒电极氩弧焊</td><td>电焊烟尘、一氧化碳、氮氧化物、臭氧、紫外辐射、噪声、焊丝中主要金属的氧化物、高频电磁场、放射危害</td></tr>
</table>

续表

工序	工作环节/岗位	主要职业病危害因素
装配（焊接）	等离子焊	电焊烟尘、一氧化碳、氮氧化物、臭氧、紫外辐射、噪声、焊粉中主要金属氧化物、高频电磁场、放射危害、氯代烃（三氯乙烯）和光气
	铅锡焊	铅烟、二氧化锡

3. 电子设备制造业

电子设备制造主要介绍芯片制造过程，芯片制造过程中用到的气体、液体种类较多，主要包括氯、氟化氢、砷化氢、磷化氢、硫化氢、氨、氯化氢、硝酸、氢氧化钠、氢氧化钾、硫酸、过氧化氢、磷酸、乙酸、丙酮等。主要工艺包括扩散、光刻、离子注入、清洗、刻蚀、薄膜、金属化、抛光、测试等。芯片制造过程主要产生硫酸、异丙醇、氢氟酸、氟化物、硝酸、乙酸、磷酸、丙酮、二氧化碳、氢氧化钾、过氧化氢、一氧化碳、乙硼烷、高频电磁场、噪声等。电子芯片制造过程中主要职业病危害因素分布情况如表 3－8 所示。

表 3－8　电子芯片制造过程中主要职业病危害因素分布情况

工序/工艺单元	主要使用的生产、工艺设备	主要职业病危害因素
扩散	氧化/退火炉、高温原子层沉积、多晶硅沉积设备、高温原子层沉积、氧化炉	磷化氢、砷化氢、氯化氢、氟化氢、氟化物、乙硼烷、氮氧化物、噪声
光刻	光刻机、涂胶显影轨道、光刻搭载设备	氟化物、乙酸丁酯、丙酮、噪声、紫外辐射
离子注入（掺杂）	大束离子注入机、高能量离子注入机	X 射线、高频电磁场、噪声
清洗	清洗机、湿法去胶机、擦片机、片盒清洗机、假片清洗机、氮化硅刻蚀机	硫酸、异丙醇、氢氟酸、氟化物（氟化氨）、硝酸、乙酸、磷酸、丙酮、二氧化碳、氢氧化钾、过氧化氢、噪声
刻蚀	氧化物刻蚀机、干法去胶机、多晶层刻蚀机	氢氟酸、氟化物（氟化氨）、磷酸、硝酸、乙酸、六氟化硫、氯气、溴化氢、磷化氢、一氧化碳、乙硼烷、噪声
沉积（薄膜）	铜工艺、沉积工序	氨、乙二醇、噪声
金属化	溅射机	高频电磁场、噪声
	铜工艺铜电镀设备	硫酸
化学机械抛光	铜 CMP、钨 CMP、氧化物 CMP	二氧化碳、过氧化氢、乙酸、噪声

4. 石油化工业

石油化工行业生产种类繁多、工艺复杂，如井下作业、油气管道运输、炼油、化工原料生产、合成橡胶、合成塑料、合成纤维、化肥、石油化工助剂等。生产过程中不仅存在高毒、剧毒或致癌化学物，还存在粉尘、噪声、射线等职业危害因素，可对长期从事石油化工生产的作业人员身心造成一定损伤。石油炼化工艺主要职业病危害因素分布情况如表3－9所示。

表3－9 石油炼化工艺主要职业病危害因素分布情况

工序/工艺单元	工作环节/岗位	主要职业病危害因素
常减压蒸馏	初馏塔区	硫化氢、液化石油气、汽油
	常压塔区	硫化氢、液化石油气、汽油
	常压炉区	高温、噪声
	减压炉区	高温、噪声
	减压塔区	高温、噪声
催化裂化	反应再生区	液化石油气、汽油
	分馏区	噪声、硫化氢、液化气、汽油
	吸收稳定区	噪声、硫化氢、液化气、汽油
	能量回收区	高温、噪声
催化重整	原油预处理	汽油
	反应（再生）	氨、汽油、噪声、γ射线
	芳烃抽提	苯、甲苯、二甲苯、噪声
	芳烃精馏	苯、甲苯、二甲苯、噪声
加氢裂化	加热炉	噪声、高温、一氧化碳、一氧化氮、二氧化氮及二氧化硫
	加热炉、热油泵房	高温及热辐射
	反应器	高温、硫化氢、氨气、硫醇
	二硫化碳罐	二硫化碳
	分馏塔区	硫化氢、液态烃、柴油
	压缩机	噪声
	脱硫化氢塔	硫化氢、氨气
	高分、低分酸性水	硫化氢、氨气

续表

工序/工艺单元	工作环节/岗位	主要职业病危害因素
煤、柴油加氢	反应区	硫化氢、氨气、二硫化碳、高温及热辐射
	分馏区	硫化氢、氨气、噪声、高温及热辐射
	脱硫区	硫化氢、噪声
	机泵	柴油、煤油、噪声
	分馏区	硫化氢、噪声、高温及热辐射
	加热炉	二硫化碳、噪声、高温、热辐射
催化叠合	脱硫	硫化氢
	原料预处理	丙烯、丁烯、液化石油气、磷酸、硫酸
	加热炉	一氧化碳、一氧化氮、二氧化氮及二氧化硫
	叠合反应	丙烯、丁烯、液化石油气、磷酸
	稳定	汽油、液化石油气
	再蒸馏	汽油、液化石油气
气体分馏	气体分馏	液化石油气、噪声
	丙烷塔	丙烷
	丙烯塔	丙烯
	异丁烷塔	异丁烯、异丁烷
馏分油加氢	原料区	柴油、
	反应区	硫化氢、氨气、氢氧化钠、高温、热辐射
	分馏区	硫化氢、氨气、噪声、高温、热辐射
	脱硫区	硫化氢、氨气
	机泵	柴油、噪声
	分馏区	硫化氢、噪声、高温、热辐射
	加热炉	硫化氢、噪声、高温、热辐射
重油加氢	原料区	渣油
	反应区	硫化氢、氨气、高温、热辐射
	分离区	硫化氢、噪声、高温、热辐射
	脱硫区	硫化氢、噪声
	机泵	渣油、柴油、煤油、噪声
	分馏区	硫化氢、噪声、高温、热辐射
	加热炉	氨
	双塔汽提	硫化氢、噪声、高温、热辐射

续表

工序/工艺单元	工作环节/岗位	主要职业病危害因素
气体及液化石油气脱硫	酸性气输送	硫化氢
	液态烃脱硫塔	液态烃、硫化氢、二氧化碳
	液态烃分液罐	液态烃、硫化氢
	瓦斯脱硫塔	瓦斯、硫化氢、二氧化碳
	瓦斯分液罐	瓦斯
	闪蒸罐	硫化氢、高温、热辐射
丙烷脱沥青	抽提系统	丙烷、沥青、噪声
	溶剂回收系统	丙烷、噪声
催化氧化脱硫醇	催化剂碱液配置	氢氧化钠、硫化氢
	抽提氧化塔	氢氧化钠、硫化氢、汽油、二氧化硫
	二硫化物分离器	硫醇钠、二硫化物
	混合氧化塔	汽油、液化石油气
	二硫化物贮罐	二硫化物
制氢	原料区	石脑油
	加氢脱硫区	高温、硫化氢、热辐射
	转化炉区	一氧化碳、高温、噪声、二氧化碳、热辐射
	冷换区	一氧化碳、高温、噪声
	机泵	石脑油、噪声

三、职业病危害因素分析

职业病危害因素分析是按照划分的评价单元，在工程分析、职业卫生调查和职业病危害因素识别的基础上，分析该建设项目存在接触职业病危害因素作业的工种（岗位），以及该工种（岗位）涉及接触职业病危害因素作业的工作地点、作业方法（接触方式）、接触时间与频度等，并分析接触该职业病危害因素可能引起的职业病及其他健康影响等内容。

（一）职业病危害因素分析方法

职业病危害因素分析主要包括职业病危害因素的有害性分析和接触分析。具体的分析方法与内容如下：

1. 资料查阅

资料查阅是实施职业病危害因素有害性分析的主要方法。资料查阅是通过查阅教科书、文献资料、MSDS［化学品安全说明书，见图3－1（a）］、GHS［全球化学品统一分类和标签制度，见图3－1（b）］等资料，获得职业病危害因素的有关理化特性、对人体健康影响等数据信息的方法。

（a）

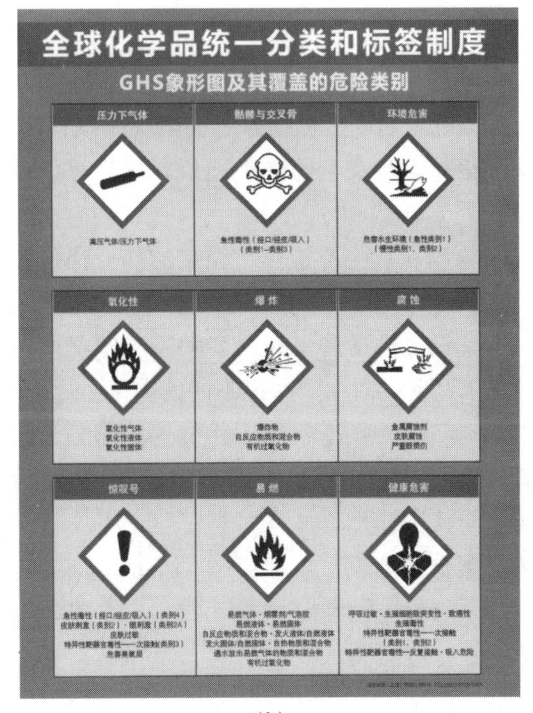

（b）

图3－1　MSDS和GHS图示

2. 工作日写实

工作日写实是实施职业病危害因素分析的主要方法。工作日写实（Detailed Record of Work Days，DRWD）是在生产劳动现场，对从事职业病危害作业人员的整个工作日内的各种活动及其时间消耗，按时间先后的顺序连续观察、如实记录，并进行整理和分析的方法。工作日写实的目的就是侧重于调查整个工作日的工时利用情况，为职业病危害因素的评价提供必要的基础数据，具体如表 3－10 所示。

表 3－10　工作日写实调查表示例

工种/岗位	作业场所/工作地点	动作名称	开始时间	耗费工时	主要接触的职业危害	职业病防护设施、个体防护用品的使用情况及其他需要说明的事项

（1）工作日写实的基本内容。主要包括：

一是写实对象及其所在岗位的基本情况。

二是工作日内从事的各种活动的名称、内容和动作时间。

三是各种活动的位置。

四是各种有害因素状况和接触时间。

五是写实对象或所在岗位写实时间内完成的工作量。

（2）工作日写实的基本原则。主要包括：

一是写实对象和人数的确定原则。选择各主要生产岗位有代表性的 1～2 人作为写实对象；对多条生产状况相同生产线上的同类岗位，选择有代表性的 1～2 条生产线；对工作随意性大的岗位，全员写实。

二是写实日数的确定原则。对生产连续、稳定的作业岗位，或每个工作日生产状况相同的岗位，连续写实 3 个工作日；对周期性生产作业的岗位，按生产周期写实；对生产随意性大，每个工作日工作量和工作内容很不稳定的岗位，对该岗位在长时间内写实；在生产正常情况下写实；对生产状况不同的岗位，分别写实。

三是写实动作分类原则。劳动强度相同或相似的动作分为同类；同名工作尽可能分在同一类；动作内容相近，作业环境明显不同的动作分类统计；动作时间少，或偶尔出现的动作，可归类到与其相近的动作。

（二）职业病危害因素分析实例

1. 有害性分析重点内容及示例

职业病危害因素有害性是指职业病危害因素造成从事职业病危害作业的劳动者产生职业病或其他健康影响的能力。有害性分析就是对职业病危害因素可能产生的健康影响进行定性分析。工作场所的化学因素、生物因素及物理因素可能产生的健康影响应根据流行病学、毒理学、临床观察和环境调查的结果进行评价。

（1）有害性分析重点内容。主要包括：

①生产性粉尘对健康的影响。所有粉尘对身体都是有害的，根据生产性粉尘的不同特性，可能引起机体的不同损害：一是对呼吸系统的影响；二是局部作用；三是中毒作用。

②生产性毒物对健康的影响。劳动者在生产劳动过程中过量接触生产性毒物可引起职业中毒。

③噪声对健康的影响。长期接触一定强度的噪声，可以对人体产生不良影响。噪声对人体的影响分特异性作用和非特异性作用两种。特异性作用就是指噪声对听觉器官的影响。引起听力损伤经历听觉适应、听觉疲劳、听力障碍等阶段。长时间接触较强的噪声先会感觉耳鸣、听力下降，但在离开噪声环境数分钟可完全恢复；之后会出现听力下降明显，需要十几小时甚至二十几小时才能得到恢复；如果继续接触噪声，形成不能完全恢复或不能恢复的听力障碍就是噪声性耳聋。非特异性作用是指长期接触较强的噪声，很多人会出现头痛、头晕、心悸、疲倦、乏力、心情烦躁、睡眠障碍等神经衰弱症状；引起胃肠功能紊乱，表现为食欲不振、消瘦、消化不良等；噪声会使大脑神经调节功能紊乱，造成呼吸加快、血压升高、血管痉挛，引发高血压等心脑血管疾病；长时间的噪声会使人的免疫系统功能紊乱，容易受病原微生物感染，还可引发皮肤病或其他疾病，甚至癌症。

④振动对健康的影响。从物理学和生物学的观点看，人体是一个极复杂的系统，振动作用不仅可以引起机械效应，更重要的是可以引起生理和心理效应。人体接受振动后，振动波在组织内的传播，由于各组织的结构不同，传导的程度也不同，其大小顺序依次为骨、结缔组织、软骨、肌肉、腺组织和脑组织，40 赫兹以上的振动波易为组织吸收，不易向远处传播；而低频振动波在人体内传播得较远。全身振动和局部振动对人体的危害及其临床表现明显不同。

⑤高温作业对人体的影响。高温作业时，人体可出现一系列生理功能改变。当生理功能的改变超过一定的限度，则可产生不良的影响：一是体温调节障碍；二是水盐代谢紊乱；三是循环系统负荷增加；四是消化系统疾病增多；五是神经系统兴奋性降低；六是肾脏负担加重。

⑥低温环境对人体的影响。主要包括：一是对体温调节的影响；二是对中枢神经系统的影响；三是对心血管系统的影响；四是对其他部位的影响。

（2）有害性分析示例。

【示例】喷漆作业职业病危害因素有害性分析。

某木制家具厂喷漆车间手工喷涂岗位使用某牌 PU 漆，使用天那水为稀释剂。通过对油漆和稀释剂的成分进行分析，识别本项目中喷漆作业主要存在的职业病危害因素为 TDI、甲苯、二甲苯。查阅 TDI、甲苯、二甲苯的 MSDS，对其进行有害性分析，分析结果如表 3－11 所示。

表 3－11　职业病危害因素有害性分析结果

职业病危害因素	理化特性	侵入途径	健康危害	可能导致的职业病
TDI（2，4－二异氰酸甲苯酯）	无色到淡黄色透明液体；熔点：13.2 ℃；饱和蒸气压：1.33（118 ℃）	吸入，眼睛及皮肤接触	具有明显的刺激和致敏作用。高浓度接触直接损害呼吸道黏膜，可发生喘息性支气管炎，表现为咽喉干燥、剧咳、胸痛、呼吸困难等。重者缺氧、紫绀、昏迷。可引起肺炎和肺水肿。蒸气或雾对眼有刺激性；液体溅入眼内，可能引起角膜损伤。液体对皮肤有刺激作用，可引起皮炎。慢性影响：反复接触本品，能引起过敏性哮喘。长期低浓度接触，呼吸功能可能受到影响	职业禁忌证：伴肺功能损害的心血管及呼吸系统疾病； 职业病：职业性哮喘
甲苯	无色透明液体，有类似苯的芳香气味； 熔点：－94.9 ℃；沸点：110 ℃；饱和蒸气压：4.89（30 ℃）	吸入，眼睛及皮肤接触	对皮肤、黏膜有刺激性，对中枢神经系统有麻醉作用。急性中毒：短时间内吸入较高浓度本品可出现眼及上呼吸道明显的刺激症状，眼结膜及咽部充血、头晕头痛、恶心、呕吐、胸闷、四肢无力、步态蹒跚、意识模糊。重症者可有躁动、抽搐、昏迷等症状。慢性中毒：长期接触可发生神经衰弱综合征，肝肿大，女工月经异常等，皮肤干燥、皲裂、皮炎	职业病：职业性慢性苯中毒；职业性苯所致白血病 职业禁忌证：脾功能性亢进
二甲苯	无色透明液体，有类似甲苯的气味； 熔点：－22.5 ℃；沸点：144.4 ℃；饱和蒸气压 1.33（30 ℃）	吸入，眼睛及皮肤接触	对眼及上呼吸道有刺激作用，高浓度时对中枢神经系统有麻醉作用。急性中毒：短期内吸入较高浓度本品可出现眼及上呼吸道明显的刺激症状、眼结膜及咽充血、头晕、头痛、恶心、呕吐、胸闷、四肢无力、意识模糊、步态蹒跚。重者可有躁动、抽搐或昏迷。有的癔病样发作。慢性影响：长期接触可发生神经衰弱综合征，女工月经异常，皮肤干燥、皲裂、皮炎	

2. 接触分析重点内容及示例

接触水平（Exposure Level）是指从事职业病危害作业的劳动者接触某种或多种职业病危害因素的浓度或者强度。职业病危害因素接触分析是按照划分的评价单元，通过开展现场调查和工作日写实，调查分析职业病危害作业的工种（岗位）及其接触职业病危害因素作业的工作地点、作业方法、接触时间与频度的过程。

（1）接触分析重点内容。主要包括：

一是在职业病危害因素识别等的基础上，分析并确定接触职业病危害因素作业的工种（岗位）及其所接触的具体职业病危害因素、工作范围和工作地点，按照其行进路线，确定其在每一个工作地点工作的时间和频度，及作业方式（如加料、巡检、仪表控制等）。

二是在职业病危害因素识别及工作日写实等的基础上，分析并确定每一个工种（岗位）涉及接触职业病危害因素作业的工作地点及其作业方式（接触方式）、接触时间等。

三是调查分析劳动定员以及职业病危害作业的其他相关情况。在评价中，建议以表格的形式，对职业病危害因素接触分析结果进行描述，如表 3－12 所示。

表 3－12　职业病危害因素接触分析表示例

序号	评价单元	工种/岗位	接触因素	工作地点	接触时间/(小时·天$^{-1}$)	作业方式

（2）接触分析示例。

【示例】燃煤电厂锅炉运行工程噪声危害接触分析。

通过对该电厂锅炉燃烧评价单元 3 号锅炉运行工进行工作日写实调查，对该工种接触噪声危害的工作地点、作业方法和接触时间等进行了分析，如表 3－13 所示。

表 3－13　某燃煤电厂锅炉运行工程噪声危害接触分析示例

序号	评价单元	工种	工作地点	接触时间/(小时·天$^{-1}$)	作业方式
1	锅炉燃烧单元	3 号锅炉运行工	3 号锅炉 0 米转机运转层（0 米）	0.5	巡检
2			3 号锅炉外置床下部平台（7.6 米）	0.5	巡检
3			3 号锅炉外置床中部平台（11.7 米）	0.5	巡检
4			3 号锅炉反料器平台（19.4 米）	0.5	巡检

续表

序号	评价单元	工种	工作地点	接触时间/(小时·天$^{-1}$)	作业方式
5	锅炉燃烧单元	3号锅炉运行工	3号锅炉给煤机平台（26.6米）	0.5	巡检
6			3号锅炉低再减温水平台（33.6米）	0.5	巡检
7			3号锅炉主蒸汽管平台（36.8米）	0.5	巡检
8			3号锅炉高过出口集箱平台（41.3米）	0.5	巡检
9			3号锅炉汽包平台（48.6米）	0.5	巡检
10			3号锅炉旋风分离器	0.14	巡检
11			3号锅炉一次风机	0.14	巡检
12			3号锅炉硫化风机	0.14	巡检
13			3号锅炉除氧器	0.14	巡检
14			3号锅炉看火口	0.14	巡检
15			机、电、炉集中控制室	1.5	仪表监控

第二节　生产事故致因分析

通用事故原因分析方法（第4版），是中国矿业大学（北京）傅贵教授团队提出的最新事故致因理论，旨在对各类事故提出一种通用的原因分析方法，以帮助事故调查者、研究者及相关管理人员等对事故原因进行全面的深入分析，有利于找到事故的确切原因，为准确制定事故预防措施、预防未来事故发生提供依据。本方法主要包括事故、事故原因、事故原因间的相互关系及其相关定义，事故原因的分析方法。

一、基本术语及定义

1. 组织（Organization）

组织，社会组织的简称，是指具有自身管理职能和行政架构的企事业单位、社区、家庭或其结合体，或上述单位中具有自身管理职能和行政架构的一部分，无论其是否具有法人资格、公营或私营，都是社会组织。这里的组织行为（Organization Behavior）是指组织整体层面上的行为，含运行行为和指导行为。个人行为（Individual Behavior）是指组织内个人层面上的行为，含个人的习惯性行为和动作。

2. 事故（Accident）

事故是指组织事故的简称。本方法认为任何事故都发生在至少一个社会组织之内，因此任何事故都是组织事故。组织事故是组织规定的、人们不期望发生的、造成生命或健康损害、或财产损失、或环境破坏的意外事件。这里的危险源（Hazard）指事故的来源。事故的所有原因都直接或间接地导致事故的发生，都是事故的来源，因此本方法中所有的事故原因都定义为危险源，即“隐患”。

3. 直接原因（Direct Cause）

直接原因是指直接导致事故或者与事故发生相关的重要事件、事项的原因。具体包括不安全动作和不安全物态。这里的动作是指人的生理动作，分为操作、行动和指挥。没有采取应有的动作也是一种动作。这里的操作（Operation）是指有操作者、操作对象和操作过程的动作。例如维修人员修理电器，人员是操作者，电器是操作对象，维修电器是操作过程。决策也是一种操作，决策者是操作者，决策是操作对象，做决策的过程是操作过程。行动（Action）是指没有操作对象的动作，如走路、休息、乘车、思考等。指挥（Commanding）是指让别人做操作、行动或者指挥的动作。

4. 间接原因（Indirect Cause）

间接原因是指导致直接原因的原因，具体包括与直接原因相关的知识、意识、习惯、心理状态、生理状态五个方面中的一个或者多个，这五个方面是平时或日常（事故发生时刻之前）存在的，可以理解为习惯性行为。它们的状态是由组织的安全管理体系产生的。

5. 根本原因（Radical Cause）

根本原因是指事故引发者所在组织的安全管理体系的缺欠。

6. 根源原因（Root Cause）

根源原因是指事故引发者所在组织的安全文化的缺欠。

7. 外部原因（External Factor）

外部原因是指组织的上级组织，组织外的政府部门，组织外的供应商及其产品和服务，组织成员的家庭、遗传、成长环境及自然因素，社会政治、经济、法律、文化等对组织内事故发生有影响的因素。这些因素中导致事故发生的，是事故的外部原因。

8. 不安全动作（Unsafe Act）

不安全动作是指引起当次事故（指进行原因分析时作为对象的事故）或者对当次事故的发生有重要影响的动作，可能是违反相关规章制度（指组织或管理本组织的各种规章）的动作，即违章动作；也可能是相关规章制度没有规定，但曾引起过事故的动作；还可能是规章没有规定，也未曾引起过事故，但经风险评估认为是不安全的动作。不安全动作对当次事故而言是一次性行为，由习惯性不安全行为产生。不安全动作有多种作用路径。

9. 不安全物态（Unsafe Condition）

不安全物态是指引起当次事故或者对当次事故的发生有重要影响的物态，可能是违反相关规章制度的物态；也可能是相关规章制度没有规定，但曾经引起过事故的物态；还可能是规章没有规定，也没有引起过事故，但经风险评估认为是不安全的物态。不安全物态有可能是不安全动作产生的，也有可能是由习惯性行为不安全所激活的。不安全物态可能会直接导致事故的发生或产生不安全动作。这里的物态是指物的状态，包括材料、工具、设备、设施、场所、环境等的物质、物体方面的状态。

二、生产事故原因分析方法

1. 事故致因“2－4”模型

事故的原因用事故致因模型“2－4”模型（24Model）来表达，如图3－2所示。事故发生在至少一个组织之内，对其原因进行分析时，必须明确作为分析对象的事故，即所分析的对象事故。对象事故发生之前的事件、事项，在分析对象事故的原因时不作为事故对待。也必须明确事故发生的组织，以便以此组织为基础进行事故的组织内、外原因分析。

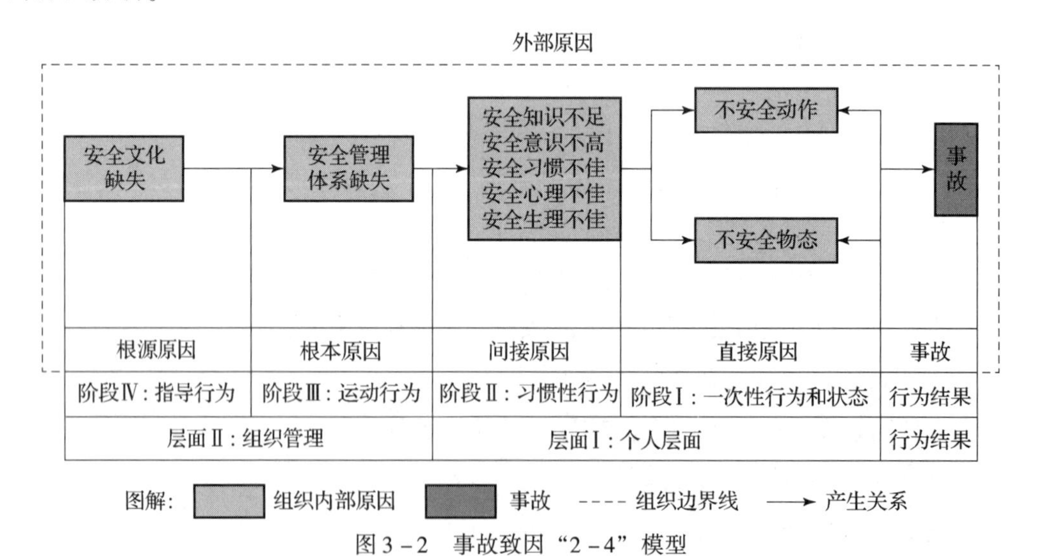

图3－2 事故致因“2－4”模型

按照图3－2所示的事故致因模型，首先分析事故在其发生组织内部的原因，且从事故开始向前追溯，事故或者与事故发生相关的事件、事项的直接原因是不安全动作和不安全物态，间接原因是组织成员的习惯性行为，根本原因是事故发生组织的安全管理体系的缺欠组织内部，根源原因是事故发生组织的安全文化的缺欠。在组织内部，事故共有个人、组织两层面四阶段的事故原因（故将事故致因模型称为“2－4模型”，简称“24Model”）。然后分析对事故发生有影响的外部因素（即外部原因），包括外部监管因素，供应商的产品与服务因素，自然因素，事故引发人的家庭、遗传、成长环境因素，以及影响组织的政治、经济、文化、法律方面的因素，等等。事故原因分析必须找到事故的所有原因，即所有危险源。

2. 基本流程及主要内容分析

事故分析时应先找到事故发生的组织，先在该组织内分析事故或者与事故发生相关的事件的直接、间接、根本、根源原因，再对组织外影响事故发生的原因进行分析。主要内容包括：

（1）直接原因分析。找到引发事故或者与事故发生相关的事件、事项的所有重要不安全动作与不安全物态，按照对事故发生的重要性排序。还需要分析得到直接原因的作用路径，如图3－3所示。

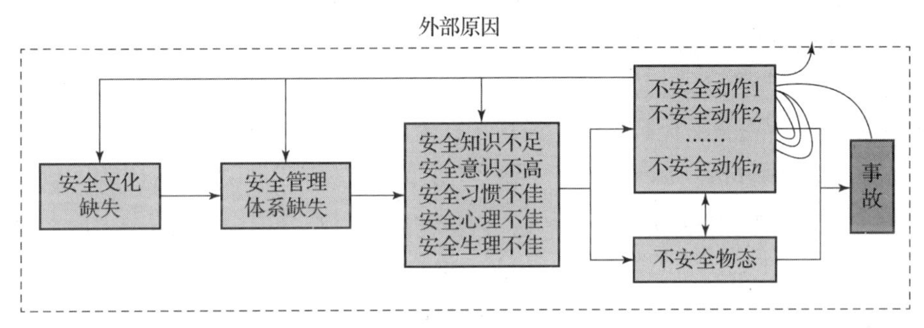

图3－3　不安全动作的作用路径（以不安全动作1为例）

不安全动作分析。不安全动作种类繁多，事故直接引发者存在不安全动作，组织内其他人员的不安全动作也会对事故或者与事故发生相关的事件、事项的发生产生影响。分析不安全动作时应注意以下几方面：全面考虑组织内各类、各层级人员的不安全动作，不仅有一线人员，还应包括管理层等人员的不安全动作。全面考虑违章动作、不违章但曾经引起过事故以及经风险评估确定为不安全的动作。全面考虑各种作用路径的不安全动作。

不安全物态分析。不安全物态包括事故发生时既有的不安全物态和由于不安全动作造成的不安全物态以及习惯性行为激活的不安全物态。分析不安全物态主要从以下几方面考虑：安全防护装置，即防护、保险、连锁、信号等装置或用具的缺失或者缺欠；设备、设施、工具、附件等的缺失或者缺欠；场地环境的不安全状态；操作对象的不安全状态等。

（2）间接原因分析。间接原因为组织成员的不安全习惯性行为，包括安全知识不足、安全意识不高、安全习惯不佳、安全心理状态不佳、安全生理状态不佳。其作用关系表现为：知识不足引起不安全动作或激活不安全物态。知识不足引起安全意识不高，意识不高产生不安全动作或者激活不安全物态。安全知识不足引起安全习惯不佳，安全习惯不佳产生不安全动作或者激活不安全物态。安全心理、生理状态不佳，产生不安全动作或者激活不安全物态。分析时需把安全知识、安全意识、安全习惯、安全心理、安全生理的问题充分找到，其中最重要的是安全知识。

（3）根本原因分析。事故根本原因为安全管理体系的缺欠，其为组织层面原因。

安全管理体系影响员工的习惯性行为，进而产生不安全动作和不安全物态。安全管理体系一般由安全方针、组织结构、安全管理程序、作业指导书等组成，且在运行时被充分执行。因此分析安全管理体系的缺欠时应从安全方针、组织结构、管理程序、作业指导书等几方面考虑：安全方针的概括性、有效性；组织结构的有效性；安全管理程序和作业指导书等的充分性和有效性；安全管理体系的建立、实施、保持和持续改进状况。

（4）根源原因分析。事故根源原因是安全文化缺欠，其为组织层面原因。安全文化是组织安全工作的指导思想，安全文化通过影响组织安全管理体系来影响组织成员的习惯性行为，最终影响其动作和物态。良好的安全管理体系要求组织具备良好的安全文化支撑。安全文化是安全理念的集合，安全文化内容的具体条目、内容及组织成员对安全文化的共同理解程度对事故预防起着根本性作用。因此分析安全文化原因时应考虑以下方面：安全理念的充分性、系统性，与事故发生的相关性；对安全理念的理解或接受程度；安全文化载体的建设情况；进行定性分析和定量分析并给出结果。

（5）外部原因分析。事故的外部原因有对事故发生有影响的监管因素，供应商的产品与服务因素，自然因素，事故引发人的家庭、遗传、成长环境因素，以及影响组织的政治、经济、文化、法律因素，等等。分析时，应具体找出其作用点和具体影响作用，为预防事故奠定基础。

第三节　生产事故隐患排查

职业病危害因素（又称职业危害因素、职业性有害因素），是指对从事职业活动的劳动者可能导致职业病的各种危害。职业病危害因素包括职业活动中存在的各种有害的化学、物理、生物因素以及在作业过程中产生的其他职业有害因素。

一、隐患与事故隐患

1. 隐患与事故隐患

在《汉语词典》中，隐患是“隐藏着的祸患”的意思。隐患是在某个条件、事物以及事件中所存在的不稳定并且影响到个人或者他人安全利益的因素。它是一种潜藏着的因素，“隐”字体现了潜藏、隐蔽，而“患”字则体现了不好的状况。

生产安全事故隐患，简称事故隐患，是指生产经营单位违反安全生产法律、法规、规章、标准、规程和安全生产管理制度的规定，或者因其他因素在生产经营活动中存在可能导致事故发生的人的不安全行为、物的危险状态、场所的不安全因素和管理上的缺陷。

2. 事故隐患的分类

根据隐患整改、治理和排除的难度及其可能导致事故后果和影响范围，事故隐患分为一般事故隐患和重大事故隐患。一般事故隐患，是指危害和整改难度较小，发现后能够立即整改消除的隐患。重大事故隐患，是指危害和整改难度较大，需要全部或者局部停产停业，并经过一定时间整改治理方能消除的隐患，或者因外部因素影响致使生产经营单位自身难以消除的隐患。

3. 事故隐患排查程序与方法

隐患排查（Screening for Hidden Risk），是指企业组织安全生产管理人员、工程技术人员、岗位员工以及其他相关人员依据国家法律法规、标准和企业管理制度，采取一定的方式和方法，对照风险分级管控措施的有效落实情况，对本单位的事故隐患进行排查的工作过程。

（1）明确基本要求。

一是组织有力、制度保障。企业应根据实际建立由主要负责人或分管负责人牵头的组织领导机构，建立能够保障隐患排查治理体系全过程有效运行的管理制度。

二是全员参与、重在治理。从企业基层操作人员到最高管理层，都应当参与隐患排查治理；企业应当根据隐患级别，确定相应的治理责任单位和人员；隐患排查治理应当以确保隐患得到治理为工作目标。

三是系统规范、融合深化。企业应在安全标准化等安全管理体系的基础上，进一步改进隐患排查治理制度，形成一体化的安全管理体系，使隐患排查治理贯彻于生产经营活动全过程，成为企业各层级、各岗位日常工作重要的组成部分。

四是激励约束、重在落实。企业应建立隐患排查治理目标责任考核机制，形成激励先进、约束落后的鲜明导向。企业应明确每一个岗位都有排查隐患、落实治理措施的责任，同时应配套制定奖惩制度。

（2）编制排查项目清单。

企业应依据确定的各类风险的全部控制措施和基础安全管理要求，编制包含全部应该排查的项目清单。隐患排查项目清单包括生产现场类隐患排查清单和基础管理类隐患排查清单。

一是生产现场类隐患排查清单，应以各类风险点为基本单元，依据风险分级管控体系中各风险点的控制措施和标准、规程要求，编制该排查单元的排查清单。至少应包括与风险点对应的设备设施和作业名称、排查内容、排查标准和排查方法。

二是基础管理类隐患排查清单，应依据基础管理相关内容要求，逐项编制排查清单。至少应包括基础管理名称、排查内容、排查标准和排查方法。

（3）确定排查项目。

实施隐患排查前，应根据排查类型、人员数量、时间安排和季节特点，在排查项目清单中选择确定具有针对性的具体排查项目，作为隐患排查的内容。隐患排查可分为生产现场类隐患排查或基础管理类隐患排查，两类隐患排查可同时进行。

排查类型主要包括日常隐患排查、综合性隐患排查、专业性隐患排查、专项或季节性隐患排查、专家诊断性检查和企业各级负责人履职检查。

（4）组织实施。

隐患排查应做到全面覆盖、责任到人，定期排查与日常管理相结合，专业排查与综合排查相结合，一般排查与重点排查相结合。

企业应根据自身组织架构确定不同的排查组织级别和频次。排查组织级别一般包括公司级、部门级、车间级、班组级。

按照隐患排查治理要求，各相关层级的部门和单位对照隐患排查清单进行隐患排查，填写隐患排查记录。根据排查出的隐患类别，提出治理建议，一般应包含：针对排查出的每项隐患，明确治理责任单位和主要责任人；经排查评估后，提出初步整改或处置建议；依据隐患治理难易程度或严重程度，确定隐患治理期限。

（5）隐患治理。

隐患治理（Elimination of Hidden Risk），是指消除或控制隐患的活动或过程。事故隐患治理流程包括通报隐患信息、下发隐患整改通知、实施隐患治理、治理情况反馈、验收等环节。隐患排查结束后，将隐患名称、存在位置、不符合状况、隐患等级、治理期限及治理措施要求等信息向从业人员进行通报。隐患排查组织部门应制发隐患整改通知书，应对隐患整改责任单位、措施建议、完成期限等提出要求。隐患存在单位在实施隐患治理前应当对隐患存在的原因进行分析，并制定可靠的治理措施。隐患整改通知制发部门应当对隐患整改效果组织验收。隐患治理完成后，应根据隐患级别组织相关人员对治理情况进行验收，实现闭环管理。重大隐患治理工作结束后，企业应当组织对治理情况进行复查评估。对政府督办的重大隐患，按有关规定执行。

一是一般隐患治理。对于一般事故隐患，根据隐患治理的分级，由企业各级（公司、车间、部门、班组等）负责人或者有关人员负责组织整改，整改情况要安排专人进行确认。

二是重大隐患治理。经判定或评估属于重大事故隐患的，企业应当及时组织评估，并编制事故隐患评估报告书。评估报告书应当包括事故隐患的类别、影响范围和风险程度以及对事故隐患的监控措施、治理方式、治理期限的建议等内容。企业应根据评估报告书制定重大事故隐患治理方案。

治理方案应当包括下列主要内容：治理的目标和任务；采取的方法和措施；经费和物资的落实；负责治理的机构和人员；治理的时限和要求；防止整改期间发生事故的安全措施。

（6）文件管理。

企业在隐患排查治理体系策划、实施及持续改进过程中，应完整保存体现隐患排查全过程的记录资料，并分类建档管理。至少应包括隐患排查治理制度、隐患排查治理台账、隐患排查项目清单等内容的文件成果。重大事故隐患排查、评估记录，隐患整改复查验收记录等，应单独建档管理。

二、工贸行业事故隐患排查通用标准

1. 基础管理类事故隐患

基础管理类事故隐患是指生产经营单位安全管理体制、机制及程序等方面存在的缺陷，如表3-14所示。

表 3－14　基础管理类事故隐患

隐患类别	隐患内容	说明
1.1　资质证照	1.1.1　缺少资质证照	未按规定取得合法的营业执照、消防验收（备案）文件、涉及危险化学品的企业需要的安全生产许可证等资质证照
	1.1.2　资质证照未合法有效	
	1.1.3　其他	
1.2　安全生产管理机构及人员	1.2.1　安全生产管理机构（含职业健康管理机构）设置缺陷	未按规定建立安全生产管理机构（含职业健康管理机构）
	1.2.2　安全管理人员（含职业健康管理人员）配备缺陷	未按规定配备安全管理人员（含职业健康管理人员），人员配备不足或所配备的人员不符合要求等
	1.2.3　其他	冶金等工贸企业未设有安全生产委员会等
1.3　安全规章制度	1.3.1　安全生产责任制缺陷	未按规定建立、健全安全生产责任制
	1.3.2　安全管理制度缺陷	未按规定建立、健全安全管理制度，如建设项目安全设施和职业病防护设施“三同时”管理、生产设备设施报废管理、隐患排查治理、应急管理、事故管理、安全培训教育、特种作业人员管理、安全投入、相关方管理、作业安全管理等
	1.3.3　安全操作规程缺陷	未按规定制定、完善安全操作规程，如覆盖主要设备设施生产作业和具有安全风险的作业活动的安全操作规程等
	1.3.4　制度（文件）管理缺陷	未按规定制定制度编制、发布、修订等规范，或未按照制度执行，如制度编制、发布、修订等过程不规范，制度（文件）试行、现行有效或过期废止标识不清，过期废止回收销毁等规定不明确，制度（文件）发布后宣贯、执行检查不到位；记录（台账、档案）的数量、格式、内容不明确，填写不规范等
	1.3.5　其他	

续表

隐患类别	隐患内容	说明
1.4 安全培训教育	1.4.1 主要负责人、安全管理人员培训教育不足	未按规定取证，取证后没有按年度进行培训教育或培训教育学时不够等
	1.4.2 特种作业人员、特种设备作业人员培训教育不足	未按规定取证，证件过期或证件与实际岗位不符等
	1.4.3 一般从业人员培训教育不足	缺少日常教育、“三级”教育、“四新”教育、转岗、重新上岗等安全培训教育，或安全培训教育达不到规定时间，或内容不符合要求等
	1.4.4 其他	
1.5 安全投入	1.5.1 安全投入不足	冶金、机械等企业未按国家相关规定提取安全投入资金，其他行业企业未保证必要的安全投入等
	1.5.2 安全投入使用缺陷	安全投入使用范围或使用金额不符合要求等
	1.5.3 其他	未按规定购买工伤保险等
1.6 相关方管理	1.6.1 相关方资质缺陷	未对相关方有关安全资质和能力进行确认，或相关方不具备合格资质
	1.6.2 安全职责约定缺陷	未按规定签订安全协议，或未在劳动、租赁合同中约定各自的安全生产管理职责等
	1.6.3 安全教育、监督管理缺陷	未按规定对相关方人员进行安全教育、监督管理等
	1.6.4 其他	
1.7 重大危险源管理	1.7.1 重大危险源辨识与评估缺陷	未进行重大危险源辨识评估，或辨识评估不正确等
	1.7.2 登记建档备案缺陷	未按规定进行登记、建档、备案等
	1.7.3 重大危险源监控预警缺陷	未按规定对重大危险源进行监控，或监控预警系统不能正常工作
	1.7.4 其他	

续表

隐患类别	隐患内容	说明
1.8　个体防护装备	1.8.1　个体防护装备配备不足	未按规定选用、配备、按期发放所需的个体防护装备
	1.8.2　个体防护装备管理缺陷	未按规定对个体防护装备实施有效管理
	1.8.3　其他	
1.9　职业健康	1.9.1　职业病危害项目申报缺陷	未按规定申报危害因素岗位，申报内容不全，未申请变更等
	1.9.2　职业病危害因素检测评价缺陷	未按规定对危害因素进行检测评价，或检测评价因素不全等
	1.9.3　职业病危害因素告知缺陷	未按规定在劳动合同中写明，检测结果未公示等
	1.9.4　职业健康检查缺陷	未按规定建立职业健康档案，未开展职业健康体检，或体检结果未通知劳动者等
	1.9.5　其他	未按相关规定将职业病患者调离原岗位等
1.10　应急管理	1.10.1　应急组织机构和队伍缺陷	未按规定设置或指定应急管理办事机构，配备应急管理人员，未按规定建立专兼职应急救援队伍
	1.10.2　应急预案制定及管理缺陷	未按规定制定各类应急预案，未对预案进行有效管理（论证、评审、修订、备案和持续改进等）
	1.10.3　应急演练实施及评估总结缺陷	未按规定进行应急演练，或未对应急演练进行评估和总结等
	1.10.4　应急设施、装备、物资设置配备、维修保养和管理缺陷	未建立应急设施，未配备应急装备、物资，未按规定进行经常性的检查、维护、保养和管理等
	1.10.5　其他	
1.11　隐患排查治理	1.11.1　事故隐患排查不足	未按规定开展事故隐患排查工作
	1.11.2　事故隐患治理不足	未按规定开展事故隐患治理工作，或事故隐患治理不彻底等
	1.11.3　事故隐患上报不足	未按规定对事故隐患进行上报
	1.11.4　其他	包括未对事故隐患进行统计分析等

续表

隐患类别	隐患内容	说明
1.12　事故报告、调查和处理	1.12.1　事故报告缺陷	未按规定及时报告，并保护事故现场及有关证据等
	1.12.2　事故调查和处理缺陷	未对事故进行调查、处理、分析等
	1.12.3　其他	
1.13　其他		其他管理上的缺陷

2. 现场管理类事故隐患

现场管理类事故隐患是指生产经营单位在作业场所环境、设备设施及作业行为等方面存在的缺陷，如表 3 – 15 所示。

表 3 – 15　现场管理类事故隐患

隐患类别	隐患内容	说明
2.1　作业场所	2.1.1　选址缺陷	作业场所未按规定选择在常年主导风上风或侧风风向，靠近易燃易爆场所，地质条件不良，企业内新建构筑物、装置安全卫生防护距离不足等
	2.1.2　设计、施工缺陷	未按规定对建构筑物的防火等级、安全距离、防雷、防震等进行设计、施工，或改建、扩建、装修没有按安全要求进行等
	2.1.3　平面布局缺陷	住宿场所与加工、生产、仓储、经营等场所在同一建筑内混合设置；爆炸危险场所或存放易燃易爆品场所与易燃易爆场所连通；建构筑物内，设备布置、机械、电气、防火、防爆等安全距离不够，或卫生防护距离不够等
	2.1.4　场地狭窄杂乱	作业场所狭窄，难以操作，工具、材料放置混乱等
	2.1.5　地面开口缺陷	坑、沟、池、井等开口的不安全状况，如无安全盖板或安全盖板不符合要求等
	2.1.6　安全逃生缺陷	包括无安全通道，安全通道狭窄、不通畅等，未按规定设置安全出口，包括无安全出口、安全出口数量不足、设置不合理等
	2.1.7　交通线路的配置缺陷	容易导致车辆损害或消防通道不符合要求等

续表

隐患类别	隐患内容	说明
2.1　作业场所	2.1.8　安全标志缺陷	未按规定设置安全标志，如无标志标识、标志不规范、标志选用不当等
	2.1.9　其他	地面湿滑不平、梯架缺陷、装修材料缺陷等
2.2　设备设施	2.2.1　工艺流程缺陷	工艺流程布置不顺畅，交叉（平交）点多，产量增大后没有及时调整工艺路线等易导致生产安全事故的缺陷
	2.2.2　通用设备设施缺陷	通用设备设施在设计、安装调试、使用上的缺陷，如强度、刚度、稳定性、密封性、耐腐性等缺陷，不符合安全要求，有人员易触及的运动部件外露，操纵器失灵、损坏，设备、设施表面有尖角利棱，未按规定进行检验等。通用设备设施不包括特种设备、电气设备设施、消防设备设施、有较大危险因素设备设施以及安全监控设备
	2.2.3　专用设备设施缺陷	根据行业生产特点，企业拥有的专用设备存在的安全缺陷，以及未按规定进行检验等
	2.2.4　特种设备缺陷	未按规定取证、建档、定期检验、维护保养，或特种设备不能达到规定的技术性能和安全状态等
	2.2.5　消防设备设施缺陷	未按规定对消防报警系统进行配线、设备选型安装，未按规定设置合格的给水管网、消火栓、消防水箱及自动、手动灭火设施器材，未按规定选用合格的机械防烟排烟设备，或设备安装不符合要求，防火门、防护卷帘及其他消防设备缺陷，以及未按规定进行检验等
	2.2.6　电气设备缺陷	电气线路、设备、照明不符合标准，保护装置不完善，移动式设备不完善，防爆电气装置不符合标准，防雷装置不合格，防静电不合格，电磁防护不合格，以及未按规定进行检验等
	2.2.7　有较大危险因素设备设施缺陷	未按规定对存在高温高压、有毒有害、易燃易爆等有较大危险因素的设施设备进行安全防护，未按规定对其进行经常性维护保养等
	2.2.8　安全监控设备缺陷	未按规定安装监控设备监测有毒有害气体、生产工艺危险点等，安全监控设备设置不合理，或安全监控设备不能正常工作等
	2.2.9　其他	

续表

隐患类别	隐患内容	说明
2.3 防护、保险、信号等装置装备	2.3.1 无防护	没有实施必要的防护措施，如无防护罩、无安全保险装置、无报警装置、未安装防止“跑车”的挡车器或挡车栏等
	2.3.2 防护装置、设施缺陷	防护装置、设施本身安全性、可靠性差，包括防护装置、设施损坏、失效、失灵等
	2.3.3 防护不当	未按规定配置、使用合格的防护装置、设施
	2.3.4 其他	
2.4 原辅物料、产品	2.4.1 一般物品处置不当	物品存放不当，如成品、半成品、材料和生产用品等在储存数量、堆码方式等方面存放不当；物品使用不当，未按规定搬运、使用物品；物品失效、过期、发生物理化学变化等
	2.4.2 危险化学品处置不当	对易燃、易爆、高温、高压、有毒有害等危险化学品处置错误，危险化学品失效、过期、发生物理化学变化，未按规定记录危险化学品出入库情况等
	2.4.3 其他	原辅料调整更换时，未进行安全评价等
2.5 职业病危害	2.5.1 职业病危害超标	噪声强度超标，粉尘浓度超标，照度不足或过强，作业场所温度、湿度超出限值，缺氧或有毒有害气体超限，辐射强度超限等
	2.5.2 职业病危害因素标识不清	作业场所缺少防护设施、公告栏、警示标识等
	2.5.3 其他	
2.6 相关方作业		相关方未按规定办理动火、动土、用电等手续，进入不应进入场所等涉及相关方现场管理方面的缺陷
2.7 安全技能	2.7.1 违章指挥	安排或指挥职工违反规定进行作业，如安排有职业禁忌的劳动者从事其所禁忌的作业；指挥工人在安全防护设施、设备有缺陷，隐患未解决的条件下冒险进行作业等
	2.7.2 操作错误	操作方式、流程错误，指按钮、阀门、扳手、把柄等的操作，以及未经许可开动、关停、移动机器；开动、关停机器时未给信号；开关未锁紧，造成意外转动、通电或泄漏，忘记关闭设备；拆除安全装置，造成安全装置失效等

续表

隐患类别	隐患内容	说明
2.7　安全技能	2.7.3　使用不安全设备、工具	临时使用不牢固的设施，使用无安全装置的设备，使用已停用或报废的设备等
	2.7.4　工具使用错误	使用不合适的工具，或没有按要求进行使用等
	2.7.5　冒险作业	冒险进入危险场所，或在危险场所冒险停留、冒险作业，如未经允许进入涵洞、油罐、井等有限空间或高压电设备等其他危险区；攀、坐不安全位置（如平台护栏、汽车挡板、吊车吊钩），在起吊物下停留；采伐、集材、运材、装车时，未远离危险区；机器运转时加油、维修、焊接、清扫等
	2.7.6　其他	包括脱岗、超负荷作业等其他操作错误、违反劳动纪律行为
2.8　个体防护	2.8.1　个体防护装备使用缺陷	在必须使用个人防护用品用具的作业或场合中，忽视其使用，如未戴安全帽，未戴护目镜或面罩，未佩戴呼吸护具，未戴防护手套，未穿防护服，未穿安全鞋等
	2.8.2　不安全穿戴	在有旋转零部件的设备旁作业穿着肥大服装、操纵有旋转零部件的设备时戴手套等
	2.8.3　其他	
2.9　作业许可	2.9.1　作业前未办理许可手续	动火作业、有限空间作业、大型吊装作业、高空作业等作业前未按规定办理手续
	2.9.2　安全措施落实缺陷	未落实安全措施或安全措施落实不足，作业完毕未确认安全状态等
	2.9.3　其他	
2.10　其他		

三、典型行业生产安全事故隐患判定标准

1. 化工和危险化学品生产经营单位

依据有关法律法规、部门规章和《化工和危险化学品生产经营单位重大生产安全事故隐患判定标准（试行）》，以下情形应当判定为重大事故隐患：

（1）危险化学品生产、经营单位主要负责人和安全生产管理人员未依法经考核

合格。

（2）特种作业人员未持证上岗。

（3）涉及“两重点一重大”的生产装置、储存设施外部安全防护距离不符合国家标准要求。

（4）涉及重点监管危险化工工艺的装置未实现自动化控制，系统未实现紧急停车功能，装备的自动化控制系统、紧急停车系统未投入使用。

（5）构成一级、二级重大危险源的危险化学品罐区未实现紧急切断功能；涉及毒性气体、液化气体、剧毒液体的一级、二级重大危险源的危险化学品罐区未配备独立的安全仪表系统。

（6）全压力式液化烃储罐未按国家标准设置注水措施。

（7）液化烃、液氨、液氯等易燃易爆、有毒有害液化气体的充装未使用万向管道充装系统。

（8）光气、氯气等剧毒气体及硫化氢气体管道穿越除厂区（包括化工园区、工业园区）外的公共区域。

（9）地区架空电力线路穿越生产区且不符合国家标准要求。

（10）在役化工装置未经正规设计且未进行安全设计诊断。

（11）使用淘汰落后安全技术工艺、设备目录列出的工艺、设备。

（12）涉及可燃和有毒有害气体泄漏的场所未按国家标准设置检测报警装置，爆炸危险场所未按国家标准安装使用防爆电气设备。

（13）控制室或机柜间面向具有火灾、爆炸危险性装置一侧不满足国家标准关于防火防爆的要求。

（14）化工生产装置未按国家标准要求设置双重电源供电，自动化控制系统未设置不间断电源。

（15）安全阀、爆破片等安全附件未正常投用。

（16）未建立与岗位相匹配的全员安全生产责任制或者未制定实施生产安全事故隐患排查治理制度。

（17）未制定操作规程和工艺控制指标。

（18）未按照国家标准制定动火、进入受限空间等特殊作业管理制度，或者制度未有效执行。

（19）新开发的危险化学品生产工艺未经小试、中试、工业化试验直接进行工业化生产；国内首次使用的化工工艺未经过省级人民政府有关部门组织的安全可靠性论证；新建装置未制定试生产方案投料开车；精细化工企业未按规范性文件要求开展反应安全风险评估。

（20）未按国家标准分区分类储存危险化学品，超量、超品种储存危险化学品，相互禁配物质混放混存。

2. *烟花爆竹生产经营单位*

依据有关法律法规、部门规章和《烟花爆竹生产经营单位重大生产安全事故隐患

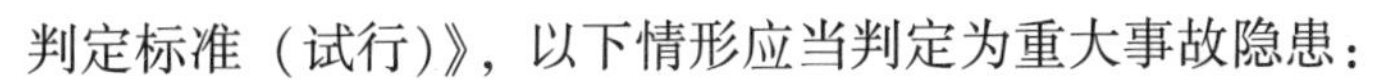

判定标准（试行）》，以下情形应当判定为重大事故隐患：

（1）主要负责人、安全生产管理人员未依法经考核合格。

（2）特种作业人员未持证上岗，作业人员带药检维修设备设施。

（3）职工自行携带工器具、机器设备进厂进行涉药作业。

（4）工（库）房实际作业人员数量超过核定人数。

（5）工（库）房实际滞留、存储药量超过核定药量。

（6）工（库）房内、外部安全距离不足，防护屏障缺失或者不符合要求。

（7）防静电、防火、防雷设备设施缺失或者失效。

（8）擅自改变工（库）房用途或者违规私搭乱建。

（9）工厂围墙缺失或者分区设置不符合国家标准。

（10）将氧化剂、还原剂同库储存、违规预混或者在同一工房内粉碎、称量。

（11）在用涉药机械设备未经安全性论证或者擅自更改、改变用途。

（12）中转库、药物总库和成品总库的存储能力与设计产能不匹配。

（13）未建立与岗位相匹配的全员安全生产责任制或者未制定实施生产安全事故隐患排查治理制度。

（14）出租、出借、转让、买卖、冒用或者伪造许可证。

（15）生产经营的产品种类、危险等级超许可范围或者生产使用违禁药物。

（16）分包转包生产线、工房、库房组织生产经营。

（17）一证多厂或者多股东各自独立组织生产经营。

（18）许可证过期、整顿改造、恶劣天气等停产停业期间组织生产经营。

（19）烟花爆竹仓库存放其他爆炸物等危险物品或者生产经营违禁超标产品。

（20）零售点与居民居住场所设置在同一建筑物内或者在零售场所使用明火。

本章小结

职业病危害因素（又称职业危害因素、职业性有害因素），是指对从事职业活动的劳动者可能导致职业病的各种危害。职业病危害因素包括职业活动中存在的各种有害的化学、物理、生物因素以及在作业过程中产生的其他职业有害因素。

引入事故致因“2－4”模型，强调事故原因分析的一般性。同时结合典型行业生产安全事故隐患排查通用标准，进行企业事故隐患排查方法。

关键术语

生产劳动　职业病危害因素　事故　组织　不安全动作　不安全物态　直接原因　间接原因　根源原因　根本原因　事故隐患

思考题

1. 简述职业病危害的分类识别方法。
2. 简述职业病危害的分类分析方法。
3. 简述事故致因“2－4”模型提出背景与基本内容。
4. 什么是生产安全事故隐患？如何进行事故隐患排查？
5. 简述典型行业生产安全事故隐患判定标准。

延伸阅读

［1］陈宝智．安全原理［M］．北京：冶金工业出版社，2002.

［2］隋鹏程．安全原理［M］．北京：化学工业出版社，2005.

［3］傅贵．安全学科结构的研究［M］．北京：安全科学出版社，2015.

参考文献

［1］傅贵，樊运晓，佟瑞鹏，等．通用事故原因分析方法（第4版）［J］．事故预防学报，2016，2（1）：7－12.

［2］康茹，傅贵，高平，等．消防员伤亡案例的事故致因“2－4”模型解读［J］．消防科学与技术，2016（12）：1755－1758.

［3］杜翠凤，蒋仲安．职业卫生工程［M］．北京：冶金工业出版社，2017.

［4］曾繁华，邹碧海．职业卫生［M］．北京：中国质检出版社、中国标准出版社，2015.

［5］朱建芳．职业卫生工程学［M］．北京：煤炭工业出版社，2014.

［6］任国友，窦培谦．职业卫生评价理论与方法［M］．北京：化学工业出版社，2021.

［7］赵章彬．高等职业院校劳动文化建设与创新研究［M］．北京：中国农业大学出版社，2019.

第四章

劳动安全文化

劳动安全文化是指一定时期人们在劳动过程创造的安全文化及劳动保护的观念、行为、环境、物态条件的总和。它体现为每一个人、每一个单位、每一个群体对安全的态度、思维程度及采取的行动方式。劳动安全文化建设的目的是不断地提升人的安全素质，优化安全管理制度和基础条件，营造良好的安全氛围。劳动安全文化主要指政府安全文化、企业安全文化、职工安全文化和家庭安全文化。对于个人来说，劳动安全文化强调个人的安全素养决定个人的安全状态，即意识决定行为。

生产劳动中的安全文化

2019 年 3 月 4 日，某加工厂中，工人老王因操作失误导致机器故障。但他迅速作出反应，及时控制了局势，避免了可能引发的重大安全事故。这一事件引起了工厂管理层的高度重视，他们深刻认识到加强劳动安全教育培训的紧迫性和必要性。为此，工厂专门组织了一次劳动安全文化培训活动，邀请了行业内的资深专家，为工人们系统讲解了安全操作规程、设备安全使用标准以及应急处理方案等核心知识。通过这次培训，工人们对劳动安全文化的核心理念有了更深刻的理解，并切实提升了安全意识和防范技能。同时，他们也增强了在面临安全风险时的实际操作能力和应急处置能力。经过此次培训，工厂的安全生产管理水平得到了显著提升，有效地预防和避免了类似安全事故的再次发生，为确保工厂的长期安全稳定生产奠定了坚实的基础。

【案例思考】

（1）在上述案例中，老王为什么因操作失误导致机器故障又迅速制止了呢？

（2）在本案例中，工厂管理层为什么迅速组织了一次劳动安全教育培训活动？

（3）你认为劳动安全文化教育培训过时了吗？这则案例对你的启发是什么？

第一节 安全文化发展历程

一、安全文化的概念及其定义

1. 安全文化概念的提出

现代意义的安全文化概念最初由安全科技界专家提出，安全文化概念发源于切尔诺贝利核电站事故，1986年，苏联切尔诺贝利核电站发生爆炸，该事故被认为是历史上最严重的核电事故，也是首例被国际核事件分级表评为第七级事件的特大事故。最终分析原因是人的不安全行为，这使国际核应急专家领悟到，单纯寻找设计上的缺陷、分析建立人的可靠性模型或模拟事故，都不能解决根本性的问题，必须上升到“人”的本质安全化，即安全文化的高度，解决人的安全意识、思维、行为等安全文化深层次的理论和方法，才有可能实现安全目标。

由此，1986年，国际原子能机构（International Atomic Energy Agency，IAEA）的国际核安全咨询组（International Nuclear Safety Advisory Group，INSAG）在维也纳召开的“关于切尔诺贝利事故的事后评审会议”上的总结报告中首次提出安全文化概念。该报告认为，安全文化理念的提出可较好地解释导致该事故灾难产生的组织漏洞和员工违反操作规程的管理漏洞，安全文化应是切尔诺贝利核电站事故的深层次原因，正因如此，上述报告中多次提及“安全文化缺失”或“薄弱的安全文化”是导致安全管理失误和人因失误的原因。

1988年，国际原子能机构（IAEA）的国际核安全咨询组（INSAG）出版的《核电站基本安全原则》中将安全文化的概念作为一种重要的管理原则予以落实，此后，安全文化一词逐步在核电厂相关文件中频繁出现并得到广泛应用。

1991年，国际原子能机构（IAEA）的国际核安全咨询组（INSAG）在维也纳召开“国际核能安全大会——未来的战略”会议，在名为《安全文化》的总结报告中明确了安全文化的内涵和定义：安全文化就是存在于单位和个人中的、关注安全问题优先权的种种特性和态度的总和，是用于构造、理解、规范行为安全的知识体系，强调组织内的双向沟通。此外，该报告还讨论了安全文化的“有形”和“无形”的安全文化特征与良好的安全文化的建设问题。

2. 安全文化的定义

《安全文化》报告发表后，关于安全文化的相关讨论迅速得到了人们的普遍认可，由此可见，《安全文化》报告的发表，标志着安全文化理论的正式诞生。安全文化（组织安全文化）是文化（组织文化）的重要组成部分，研究安全文化离不开对文化（组织文化）的研究。在安全文化一词首次出现之后的三十余年，关于安全文化的定义达到几十种之多，但是，学界并没有关于安全文化共同认可的定义，在此问题上一直争论不休。安全文化的涉及面极其宽广，是无法用描述性的方式一一叙述穷尽的，但究其根本，无非是人与自然、人与社会、人与人之间各种物质与非物质的安全器物、行为、制度、思想、观念、道德等关系。在本书中，安全文化是指被群体所共享共遵的安全价值观、态度、认知、能力、道德和行为方式组成的统一体。

3. 安全文化的发展

人类文明史是一个漫长的由简单到复杂、由点到面不断深化和扩散的发展史，安全文化作为人类文化的重要组成部分，其发展与社会类型也存在对应关系，某一社会类型对应的主要安全文化特征可透过该社会类型的生产技术和生计模式来显现。从生产技术和生计模式角度，可将人类社会大致划分为采集狩猎社会、园艺游牧社会、农耕社会、工业社会和信息社会。

（1）采集狩猎社会的安全文化。

在采集狩猎社会阶段，人类生产力水平十分低下，人对自然环境具有高度依赖性，人的安全观念属于宿命论，主要采取躲避方式来避免伤害，通过族群、血缘关系为纽带聚合为群体，来开展觅食活动和群体保卫，进而保障群体安全。

（2）园艺游牧社会的安全文化。

在园艺游牧社会阶段，人类的生计模式由寻食生计转换为产食生计，食物供给得到保障，继而出现了陶器、铜器、帐篷、简单房屋建筑等，生产力水平逐步提高，开始采用大量劳动工具来代替徒手劳作，有效降低了受伤害的可能。

（3）农耕社会的安全文化。

在农耕社会阶段，人类的生产水平得到飞跃，金属工具的使用、文字的发明、城镇的出现使得人类可以通过工具进一步保障生产，此时期的人类安全观念主要体现为事后弥补型。

（4）工业社会的安全文化。

在工业社会阶段，随着蒸汽机、内燃机、电力等新技术的广泛使用，人类社会进入“加工”和“人造”时代，随着工业社会的发展，导致各类工业生产事故频发，安全问题也变得趋于复杂化，为保障工业生产安全，人类的安全认识进入了系统论阶段，从而促使人类在安全生产实践中推行人、机、环相结合的综合性安全对策。

（5）信息社会的安全文化。

信息社会是逐渐脱离工业社会后，信息和知识发挥主要作用的社会，继而产生了以加工和服务为主导的第三产业，这一阶段的安全问题变得极为复杂，如生产、食品、饮水、治安、交通、消防、医疗、环境、职业、信息等安全问题，即综合大安全问题，人类开始趋于从本质安全角度，对造成人、家庭、社会公共秩序、生产秩序和国家的各种危害予以全面、系统的超前预防和控制，并催生了大量安全服务业、安全文化产品制造与销售业等安全文化产业类型。

综上所述，人类安全文化发展与社会变革之间是互相影响、互相促进的互动性发展，表现为：随着社会阶段的变革，人类的安全技术、安全观念逐渐提高，人类的安全行为也逐渐趋于科学、高效；随着社会结构的日益复杂，人类所面临的安全问题也变得越来越复杂，安全问题从人类最初的生存目的转向衣食住行及繁衍后代，延伸向对更安全、更有保障的生活方式的追求，安全文化也要随之更新与发展。

二、安全文化的积累

任何存在的文化都是对过往文化的继承和延续，是过去文化积累的结果，文化积累是文化发展的基础和源泉。安全文化作为人类社会最古老的文化之一，伴随着人类的产生而产生，伴随着人类社会的变革而发展。中华民族有着悠久而灿烂的五千年文明史，千百年来，人们通过大量的实践活动，积累了宝贵的安全知识，总结了诸多先进的安全理念，并将其整合为安全文化，积累、发展、传递安全实践经验有助于安全文化、安全知识的创新，并为人类社会发展提供助力。据考究，中国传统安全文化分为以下几类。

1. 以人为本型安全文化

中国传统文化中的人本思想孕育于西周初年，萌芽于春秋，形成于战国，流传于后世，可谓源远流长，影响深远，中华传统文化的发展始终围绕着人，人是世间一切事物的根本，无论是传统安全文化，还是现代安全文化，其实质都是以“以人为本”为理念。《十问》记载：“尧问于舜曰：‘天下孰最贵？’舜曰：‘生最贵。’”（尧向舜问道：“天下什么最宝贵？”舜回答道：“生命最宝贵。”）《管子》中记载：“夫霸王之所始也，以人为本。本理则国固，本乱则国危。”《孟子》中记载：“民为贵，社稷次之，君为轻。”可见历代均非常注重“重民安民”，这也符合现代安全伦理学核心原理之“安全最大原则”，即保障大多数人的安全。

2. 事前预防型安全文化

早在西周和春秋战国时期，出于对国家安全的考量，一些政治家、思想家就意识到必须警惕随时可能出现的安全隐患。《左传 ·襄公十一年》中记载：“居安思危，思则有备，有备无患。”《论语·卫灵公》中记载：“子曰：‘人无远虑，必有近忧。’”清代朱用纯《治家格言》中记载：“宜未雨而绸缪，毋临渴而掘井。”安全防范意识是保障安全的根本“法宝”。

3. 事后学习型安全文化

中国古代典籍中有许多关于“事后学习”的论述。《荀子·成相》中记载：“前车已覆，后未知更何觉时。”《战国策·赵策一》中记载：“前事之不忘，后事之师。”《与薛尚谦书》中记载：“经一蹶者长一智，今日之失，未必不为后日之得。”这些均说明“要善于从事故中反思并吸取事故教训”这个普遍性的安全哲理。

4. 情感型安全文化

王秉、吴超在《中国安全科学学报》2016 年第 3 期发表的《情感性组织安全文化的作用机理及建设方法研究》一文中，首次提出情感安全文化，即以人的情感性安全需要（“爱与被爱的需要”为基础，“完善自我安全人性的需要”和“实现自主保安价值的需要”为助力）为基本条件和基础形成的一种安全文化形式，主要体现在“仁”与“孝”两个方面，即作者认为安全是一种“仁爱”和“行孝尽孝”之心，人们应注重情感安全文化的培育和建设。

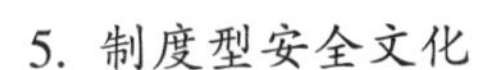

5. 制度型安全文化

《孟子·离娄上》中提及："离娄之明、公输子之巧，不以规矩，不能成方圆。"《考工记》与《天工开物》等书中提到了生产安全规定，以及中国古代食品安全管理等方面的规定，由此可见，制度型安全文化是中华传统安全文化的重要组成部分，到了今天，我们也非常重视制度型安全文化。

三、从劳动保护理念到安全科学文化

劳动创造世界，也创造了人类自身，人类为了生产及获得需求的物质财富和精神财富，付出了艰辛的劳动，甚至付出了鲜血或生命。人类从对待灾害与风险事故中积累了经验，提高了抗争能力，保护生命，不断积累和创造消灾避难的方法，保护人类能较顺利地进行安全生产、生活、生存活动。

在人类社会发展的历程中，人类在安全生产、生活、生存的活动中所创造的物质或非物质的东西，或记载传说，逐渐从符号形成了文字、文化、安全文化，出现技能、安全技术，随后又形成了安全知识，出现了安全科学理论及系统知识，这才有了当今大众推崇和使用的安全科学技术。

从原始部落到小农社会、工业社会，劳动人民成为产业大军，资本家与工人阶级的利益矛盾，表现为劳动者为争取和维护自身利益及合法权利的斗争。劳动保护从政治口号、工运工潮、劳资斗争，到工人阶级掌权、当家作主，把劳动保护变成了国家的政策、法规、劳动保护工作、劳动保护技术、劳动保护事业。为了维护工人阶级的合法权益，保护劳动者在生产过程中的安全与健康，创办和发展了劳动保护教育院校、劳动保护科研院所。20 世纪 90 年代初，我国有一批劳动保护专家、学者开始学术交流，百家争鸣，百花齐放，探讨劳动保护科学，提出了劳动保护科学体系——安全科学的前身。

我国安全科学与工程学科是从新中国诞生之后的劳动保护学科逐渐发展起来的。1981 年开始了安全类硕士学位研究生教育，1986 年以来实现了安全类本、硕、博三级学位教育。1989 年中图分类法第四版的类目中"劳动保护科学"更名为"安全科学"。在 1992 年 11 月 1 日原国家技术监督局颁布的国家标准《学科分类与代码》中，"安全科学技术"被列为一级学科，其中包括"安全科学技术基础、安全学、安全工程、职业卫生工程、安全管理工程"5 个二级学科。从此，人类生产、生活、生存的劳动安全卫生科学（劳动保护科学）登上了神圣的科学殿堂。这正是人类生存活动和社会文明的实践—理论—再实践—再理论，认识客观事物和世界发展的科学观和唯物辩证观，初步把握了安全科学的本质和运动规律的结果。当代工业发展和安全生产必须服从安全科学的原理和原则，才能安全、和谐、可持续发展。

1997 年原国家人事部确立了安全工程师职称制度，2002 年建立了注册安全工程师执业资格制度。在 2006 年国务院发布的《国家中长期科学和技术发展规划纲要》中，"公共安全"被纳入 11 个重点规划领域之一，并明确提出了发展"国家公共安全应急信息平台、重大生产事故预警与救援、食品安全与出入境检验检疫、突发公共事件防范与快速处置、生物安全保障、重大自然灾害监测与防御”六大优先主题。2006 年安全工程获批作为工程硕士培养的一个新领域。2011 年 2 月，安全科学与工程获批增设为研究生教育一级学科，其中包括“安全科学”“安全技术”“安全系统工程”“安全与应急管理”“职业安全健康”5 个学科领域和方向。2023 年 9 月 23 日，安全科学与工程学科发展论坛暨第四届全国安全科学与工程学位点联盟会议提出“安全科学与系统工程”“安全技术”“智能安全”“应急与安全管理”“职业安全健康”5 个学科新领域和方向。总之，安全是人类生存和发展的基本要求，是人民安康、社会进步、国家稳定的基石。“安全科学与工程”学科的建立和完善，将为人类社会持续、稳定、健康发展提供安全理论基础、科技支撑和人才保障。

第二节 安全文化特征与功能

一、安全文化的特点

基于安全科学视角审视人类文化，结合已有的相关安全文化研究成果，并借鉴其他文化类型的特点，提取并归纳出 10 项安全文化有别于其他文化的重要特点，即自然性与普遍性、人本性与实践性、累积性与时代性、严肃性与活泼性、“硬件”性与“软件”性、稳定性与变异性、目标性与创塑性、系统性与独特性、个体性与群体性及滞后性与长期性。

1. 安全文化的核心特点

（1）自然性。

①就生物学角度而言，人类属于生物界的一个种群，其应具有某些生物本能属性，而著名心理学家马斯洛（Maslow）指出，安全需要（仅高于生理需要）是人的第二层基本需要，由此观之，安全文化本质上是人类的安全需要之本性的对象化；②人类创造安全文化必须要以一定的自然环境为条件，且也只能以自然为对象。

（2）普遍性。

①人性普同，安全人性也一样，且人都有安全需求这一基本需求；②一般而言，人类在生存与发展的同一历史时期所面临的安全问题具有共性（即相似性），由此，导致人类安全文化必然具有某种普遍性。

（3）人本性。

①安全科学的最终目的是保护人的身心安全（包括健康），因此，这就要求安全文化必须体现人的本性；②安全文化的核心是“以人为本”，其目的是实现人的安全价值，其本质在于追求人们对安全价值的认同。

（4）实践性。

①安全文化诞生于人类的安全生产与生活领域，是人类安全经验与理论经总结、归纳、传播、继承、优化和提炼等形成的文化成果；②安全文化又反作用于人类安全实践活动，并指导安全实践，再次升华并发展成为新的安全文化内容。

2. 安全文化的元素特点

（1）累积性与时代性。

累积性是指安全文化元素（包括形式）的积聚，一般表现为安全文化元素从某一个体、群体、时代向另一个体、群体、时代的延续发展与累积叠加过程，这是安全文化形成与发展的前提和条件。时代性体现在随着时代变迁，人类和社会发展的安全需求与所面临的安全问题在不断变化，因此，安全文化内容需要随着时代的变化而不断演变，即安全文化的时代性的体现。

（2）严肃性与活泼性。

严肃性体现在安全与否直接危及人的生命。因此，安全文化具有严肃性，如制度安全文化（包括安全法律法规与安全规章制度等）和安全禁忌等。活泼性，又称为趣味性，是文化的共有特征，安全文化也是如此，正因安全文化具有活泼性，才使安全文化具备品味价值，让人们在品味中了解安全、认识安全并认同安全。

（3）“硬件”性与“软件”性。

就安全文化内容而言，其具有“硬件”性与“软件”性。“硬件”性即显性安全文化，如安全器物与一些强制性安全对策（如法律法规、规章、制度、守则、规范、纪律，以及伴随的安全职权与监管）。“软件”性即隐性安全文化，如安全理念、价值观、信念、道德、伦理，以及伴随的规劝、说服、调解和安全宣传教育等。

（4）稳定性与变异性。

稳定性是指安全文化具有相对稳定性，即某一个体或群体的安全文化一旦形成，在一段时期内基本保持稳定。变异性是指安全文化在累积发展过程中不断变化的特性。这是因为安全文化需不断进行扬弃与自我更新，以保持其活力，并适应时代与现实要求，这是安全文化发展的环节与契机。

3. 安全文化的建设特点

（1）目标性与创塑性。

目标性包括：①人类创造安全文化的根本目的是使人们的生产、生活变得更安全、健康、舒适而高效；②安全文化具有安全价值取向与安全目标取向，一般而言，其与群体或组织的经济利益与社会效益等又密切相关，它有利于助推群体或组织实现其安全目标。

创塑性包括：安全文化不仅可继承、借鉴与吸收，且可按照时代与群体（或组织）的具体安全发展需求，能动地、科学地、有意识地、有目的地创新和塑造一种新的安全文化，这也是文化时代性与变异性的间接体现。

（2）系统性与独特性。

系统性，又称为全面性，安全文化内涵丰富，涉及人们安全生产与生活领域的方方面面，因此，在安全文化建设中，必须以系统工程思想为指导，综合运用各种方法与手段，构建安全文化系统，这也是安全文化评价需把握的特点。

独特性是指不同个体或群体（国家、民族、地区、行业与企业等）的安全文化具有自身独特的特点与部分内容特质。因此，安全文化建设（创造）要结合自身特性有针对性地建设（创造），以提高其适用性。

4. 安全文化的作用特点

（1）个体性与群体性。

个体性体现在安全文化总体效用的发挥需依赖于个体积极性的发挥，若无个体的主观能动作用，则无法形成安全文化的总体功能效应，即安全文化作用个体所产生的效用的叠加形成了安全文化的总效用。

群体性体现在安全文化具有共享性，安全文化的规范与约束等安全要求适用于群体所有个体，此外，群体压力有助于安全文化效用最大化发挥。

（2）滞后性与长期性。

一般而言，滞后性是指个体或群体对某一具体的安全文化的认知、认同，以及内化于心与外化于行是一个漫长的过程，由此可知，安全文化的作用效果不会短期显现，具有滞后性。

长期性体现在安全文化长时间作用，可固化个体或群体的安全认识与安全行为习惯等。一旦固化，其就具有显著的长久性与顽固性，短期内不易发生变化。

二、安全文化的功能

安全文化的功能是安全文化的固有价值。从宏观层面讲，安全文化的功能是指安全文化在满足人们生产与生活方面的安全需要所表现出来的价值作用。从微观层面（具体到某一组织层面）讲，安全文化的功能主要是指作为一个组织安全管理因素的安全文化对组织安全健康发展的作用和影响。

就理论而言，人类（包括组织群体）之所以创造（或建设）安全文化和发展安全文化，是因为安全文化这一习得行为具有满足人们生产与生活方面的安全需要的独特功能，人类社会（包括组织群体）的安全健康发展也因为安全文化功能的发挥而维系和延续。此外，安全文化是一个有机整体，由各个相互关联的安全文化要素所构成，其中每一个要素都起着一定的作用，发挥着自己的功能。正是各安全文化要素功能的相互作用，决定着安全文化的性质、存在和发展。

第三节　劳动安全文化形式

一、政府安全文化

政府安全文化是一种特定的文化形态，主要体现在政府机构及其工作人员对于安全问题的认知、态度和行为方式中。这种文化不仅涉及政府在日常工作中的安全管理和保障措施，还包括在紧急情况下的应对机制和危机处理能力。政府安全文化是毛海峰教授于2004年率先根据中国国情明确提出并极力倡导的一种安全文化。2016年，王秉教授指出，政府安全文化是当前安全文化学研究和实践领域的一大缺失，亟须开展政府安全文化结构方面的研究与实践。具体而言，政府安全文化强调以下几点：

1. 工作人员安全意识

政府机构和工作人员需要具备高度的安全意识，认识到安全问题的重要性和紧迫性，时刻保持警惕，防范各种安全风险。

2. 政府安全管理

政府需要建立健全的安全管理制度和体系，明确各项安全责任和工作流程，确保各项安全措施得到有效执行。

3. 政府应急处理

政府需要制定完善的应急预案和处置机制，以应对突发事件和危机情况，保障人民群众的生命财产安全。

4. 国家法治保障

政府安全文化还需要在法治框架内运行，依法保障公民的安全权益，维护社会的稳定和谐。

总之，通过加强政府安全文化建设，可以提高政府机构和工作人员的安全意识和能力，提升政府的安全管理水平，为人民群众提供更加安全、稳定、和谐的社会环境。

二、企业安全文化

企业安全文化是指企业在长期安全生产和经营活动中，逐步形成的或被有意识塑造的，为全体职工所接受和遵循的，具有企业特色的安全思想和意识、安全作风和态度、安全管理机制及行为规范的总和。这包括企业的安全生产奋斗目标、安全进取精神，以及为保护职工身心安全与健康而创造的安全而舒适的生产和生活环境、防灾避难应急的安全设备和措施等形象。此外，它还涵盖了企业的安全价值观、审美观、心理素质和安全风貌等物质和精神因素。企业安全文化是当前最受关注、被论述最多且最被广泛地加以研究和应用的安全文化现象。具体而言，企业安全文化强调以下几点：

1. 职工安全意识的培养

通过教育和培训，企业安全文化能够提高员工对安全问题的认识和理解，增强员工的安全意识。这有助于员工形成主动、积极的安全习惯和行为，不仅关注自身的安全，还关心他人的安全，形成共同关心、共同维护的良好氛围。

2. 企业事故预防和风险管理

企业安全文化有助于企业建立科学的风险评估和事故预防机制。通过制定安全管理制度和培养专业化的安全团队，企业可以更好地了解和掌握潜在的安全风险，并采取相应的预防措施来减少事故的发生。

3. 企业员工福利和安全感提升

企业安全文化建设的根本目的是保障员工的安全和健康，从而提高员工的福利和幸福感。

4. 企业品牌形象和声誉的提升

一个积极的企业安全文化也是企业可持续发展和提高竞争力的重要组成部分，有助于提升企业的品牌形象和声誉。

5. 企业生产效能和工作效率的提高

通过强化安全管理和培养员工的安全意识，企业安全文化能够提高企业的生产效能和员工的工作效率。

总之，企业安全文化是一个复杂而多面的概念，涉及企业的各个方面，对于企业的长期发展和员工的身心健康都具有重要意义。

三、职工安全文化

职工安全文化是指通过建立一种以安全为核心的思维方式和价值观，促进职工自觉遵守安全规章制度、关注和改善工作环境、积极参与安全培训和意识提升的工作文化。这种文化强调职工对安全的普遍认同、信任和意识，以及对安全价值观、行为和实践的共同践行。职工安全文化旨在通过培养职工的安全意识和行为习惯，推动个体与组织的安全行为逐步形成和养成，进而实现事故与伤害的预防和控制。职工安全文化不仅有助于减少工作中的安全风险，提高员工的安全意识，还可以增强员工的归属感和忠诚度，提升企业的整体形象和竞争力。因此，积极推广和建设职工安全文化对于企业的可持续发展具有重要意义。具体而言，职工安全文化体现在以下几个方面：

1. 职工安全意识

职工应具备高度的安全意识，认识到安全问题的严重性和必要性，自觉遵守安全规章制度，时刻保持警惕，防范安全风险。

2. 职工安全培训

企业应定期组织安全培训，提升职工的安全知识和技能，帮助他们更好地理解和应对潜在的安全风险。

3. 职工行为准则

职工应遵循安全的行为准则，积极参与安全实践，养成良好的安全习惯，形成组织整体的安全氛围。

4. 职工相互监督

职工之间应相互监督和帮助，共同维护工作环境的安全和稳定。

总之，企业应注重职工安全文化的培养和发展，通过制定合理的安全政策和规章制度、建立相应的安全管理体系、加强安全培训和意识提升等方式，营造一个安全、健康、和谐的工作环境。

四、家庭安全文化

家庭安全文化是指家庭成员在日常生活中的安全意识和行为习惯的总和。家庭安

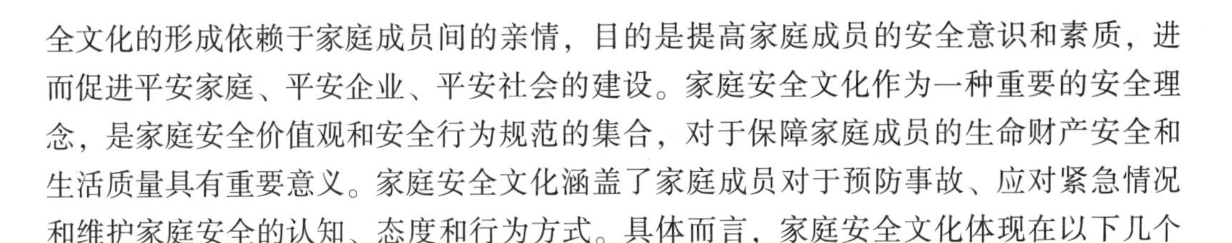

全文化的形成依赖于家庭成员间的亲情，目的是提高家庭成员的安全意识和素质，进而促进平安家庭、平安企业、平安社会的建设。家庭安全文化作为一种重要的安全理念，是家庭安全价值观和安全行为规范的集合，对于保障家庭成员的生命财产安全和生活质量具有重要意义。家庭安全文化涵盖了家庭成员对于预防事故、应对紧急情况和维护家庭安全的认知、态度和行为方式。具体而言，家庭安全文化体现在以下几个方面：

1. 家庭成员安全意识

家庭成员应具备高度的安全意识，认识到家庭安全的重要性，关注家庭环境中可能存在的安全隐患，并采取积极措施进行防范。

2. 家庭成员安全知识

家庭成员应了解并掌握基本的安全知识，包括火灾预防、电气安全、食品安全、急救常识等方面的知识，以便在紧急情况下能够正确应对。

3. 家庭成员安全行为

家庭成员应养成良好的安全行为习惯，如不乱丢烟蒂、不乱接电线、不随意放置易燃易爆物品等，以减少家庭事故的发生。

4. 家庭成员应急准备

家庭应制定应急预案，准备必要的应急物资和设备，如灭火器、急救包等，以便在突发事件发生时能够迅速应对。

5. 家庭成员相互关爱

家庭成员之间应相互关爱，关注彼此的安全状况，共同维护家庭的安全和稳定。

总之，家庭安全文化的建设对于家庭成员的安全和健康至关重要。一个具有良好家庭安全文化的家庭，能够有效地预防家庭事故的发生，减少家庭成员受到意外伤害的风险。同时，家庭安全文化也能够培养家庭成员的安全意识和自我保护能力，使他们在面对紧急情况时能够冷静应对，保护自己和他人的安全。因此，家庭成员应共同努力，积极营造和维护家庭安全文化，为家庭成员提供一个安全、健康、和谐的生活环境。

本章小结

劳动安全文化建设是一个长期的培育过程，易受个体、组织、文化和环境等要素的制约和影响。从劳动保护理念到安全科学文化的发展历史来看，劳动过程中的安全文化经历从特别重视企业安全文化到全面的政府安全文化、企业安全文化、职工安全文化和家庭安全文化的内涵不断丰富的过程。

关键术语

劳动安全文化　安全文化　政府安全文化　企业安全文化　职工安全文化　家庭

安全文化

思考题

1. 什么是劳动安全文化？如何认识从劳动保护理念到安全科学文化的演变过程？
2. 什么是安全文化？如何认识安全文化的特征？
3. 什么是政府安全文化？政府安全文化主要包括哪些内容？
4. 什么是企业安全文化？企业安全文化主要包括哪些内容？
5. 什么是职工安全文化？职工安全文化主要包括哪些内容？
6. 什么是家庭安全文化？家庭安全文化主要包括哪些内容？
7. 阐述职工安全文化与企业安全文化的区别与联系。
8. 在新时代背景下，如何认识劳动安全文化的继承与发扬？

延伸阅读

[1] 王秉，吴超. 大学生安全文化 [M]. 2 版. 北京：机械工业出版社，2017.

[2] 王秉，吴超. 安全文化学 [M]. 北京：化学工业出版社，2021.

[3] 崔政斌，张美元，周礼庆. 杜邦安全管理 [M]. 北京：化学工业出版社，2019.

[4] 邱成. 安全文化学手稿 [M]. 成都：西南交通大学出版社，2017.

参考文献

[1] 罗云. “安全文化”系列讲座之一：安全文化的起源、发展及概念 [J]. 建筑安全，2002 (9)：26 – 27.

[2] 傅贵，何冬云，张苏，等. 再论安全文化的定义及建设水平评估指标 [J]. 中国安全科学学报，2013，23 (4)：140 – 145.

[3] 徐德蜀. 安全文化、安全科技与科学安全生产观 [J]. 中国安全科学学报，2006，16 (03)：71 – 82.

[4] 陈宁，王秉，吴超. 论政府安全文化的若干基本问题 [J]. 中国安全生产科学技术，2017，13 (12)：5 – 12.

[5] 乔东. 新时代班组安全文化要激发职工的主人翁意识 [J]. 班组天地，2023 (8)：46 – 47.

[6] 王秉. 浅谈家庭安全文化建设 [J]. 现代职业安全，2017 (5)：46.

[7] 罗云，裴晶晶，许铭，等. 我国安全软科学的发展历程、现状与未来趋势 [J]. 中国安全科学学报，2022，32 (1)：1 – 11.

[8] 杨乃莲，宁丙文. CIS 走过 50 年——国际职业安全卫生信息中心发展历程[J]. 现代职业安全，2010（8）：36-43.

[9] 罗云. “安全文化”系列讲座之三：古今安全文化论[J]. 建筑安全，2002(11)：32-34.

[10] 灵石. 灿烂的古代安全文化[J]. 现代职业安全，2009（9）：77.

第五章

劳动教育安全保障机制

劳动教育安全保障机制包括劳动教育风险类型、劳动教育安全保障机制框架。劳动教育风险主要分为组织、人员、交通和环境风险。劳动教育安全保障机制主要包括劳动教育安全管控机制、风险分散机制、应急与事故处理机制。

无证驾驶酿成车祸

某年10月1日，某县职业技术学校学生李某（男，17岁）和其弟某中学学生王某（男，15岁）无证骑乘一辆无牌五羊125型二轮摩托车与一辆大货车相撞，导致二人当场死亡。

资料来源：http://www. xuecan. net/wenku/5763. html

学生恐慌酿成踩踏事故

某年10月25日晚上8点，某县广纳镇中心小学学生下晚自习后，刚走出教室，灯突然熄灭，楼道一片漆黑，有学生怪叫“鬼来了”引起学生恐慌，大家争相往楼下奔跑，部分学生被挤倒，被后面涌上来的学生踩踏，造成10名学生死亡，27名学生受伤，其中重伤7人。

资料来源：https://doc. docsou. com/bc8af86193ad13c59b2337ecb. html

【案例思考】

（1）学生无证驾驶的不安全行为产生的原因是什么？

（2）学生恐慌酿成踩踏事故的本质原因是什么？

（3）两起事故的本质区别是什么？

第一节　劳动教育风险类型

中共中央、国务院印发的《关于全面加强新时代大中小学劳动教育的意见》将“多方面强化劳动安全保障”作为劳动教育支撑保障体系的重要组成部分，要求“建立健全劳动教育与管理并重的劳动安全保障体系”。必要的安全保障不仅是开展劳动教育的前提基础、重要支撑，更对学生树立科学的劳动观念，形成“生命至上，安全第一”

的理念，具备初步的职业安全素质具有重要意义。劳动教育活动作为一种职业劳动过程，存在一定程度的劳动安全风险（见图5－1），主要分布在组织管理、人员素质、交通条件和环境条件四个方面。

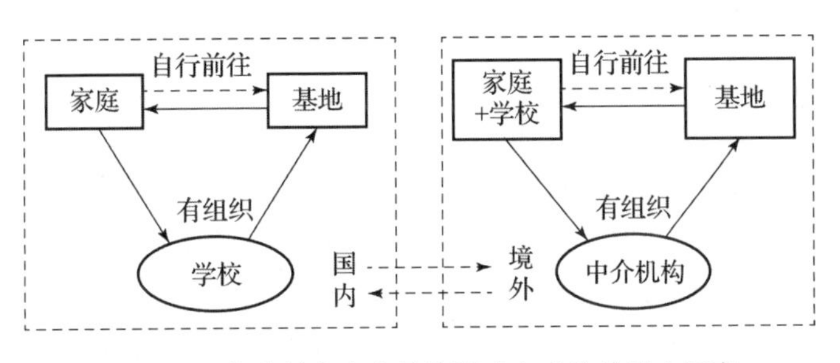

图5－1　劳动教育安全风险形成方式及其影响因素

一、组织管理风险

（1）规章制度。一是没有制定劳动教育活动方案、实施手册或规范，或照搬照抄、流于形式；二是规章制度缺失，没有针对劳动教育活动制定详细、完善的管理规章制度，规章制度缺乏可执行性或执行不到位；三是协调机制不完善、责任机制不健全。在开展活动及遇到突发情况时无章可循、无规可守，或有章难循、有规难守。

（2）应急预案。一是劳动教育活动突发事件应急预案缺失或缺乏针对性与可操作性，安全保障机制不完善；二是应急预案没有定期更新，没有针对应急预案开展专项安全教育和应急演练。

（3）应急救援能力。由于缺乏事前的准备与培训，事故救援能力不足，缺乏必备的事故救援物资，未配备经过专业救援训练的安全员，在遭遇突发事件时，救援不及时，救援资源（人员、物资等）不到位。

二、人员素质风险

（1）学生群体与个体。主观因素包括意识、素养、行为等，客观因素包括疾病、体质等。广大学生，特别是中小学生精力旺盛、好奇心强，但心理、行为不成熟，群体活动可控性弱，做事缺乏理性思考与判断，规则意识不强等，容易发生脱离集体擅自行动、学生间因琐事产生纠纷、活动过程中违规操作等不安全行为；由于未成年人身体机能尚未发育成熟，抵抗力较弱，或本身就是过敏体质或存在既往病史等健康问题，在遇到一定诱因后，导致突发疾病、意外伤亡，为劳动教育的管理增加了不确定性因素。

（2）教管人员。一是教管人员在劳动教育活动期间存在身体及心理不适，不能正常履行安全管理职责；二是教管人员缺乏职业道德，思想认识不到位、安全意识不强，不认真执行规章制度，对学生疏于管理，没有尽到管理责任；三是应急能力差，对劳动教育活动内容和全过程不熟悉，未能提前了解活动内容是否存在不适合未成年学生身心特点或威胁其健康与安全的情形，由于事前未做充足的风险评估和突发事件应急预案及演练，教管人员缺乏应对突发事件的能力，在面对突发事件时束手无策。

（3）社会人员。劳动教育基地一般是开放的社会场所，人员密集、人员结构复杂，中小学生群体因其对暴力袭击的脆弱性，很容易成为一些反社会极端分子、恐怖袭击活动等社会安全事件的袭击目标。

三、交通条件风险

（1）交通工具。劳动教育活动应优先选择航空或铁路交通方式，公路交通的安全系数相对较低。选择汽车作为公共交通工具时，师生乘坐的车辆本身存在安全隐患，出行前如未做全面的车辆故障排查，则会增加交通安全风险。

（2）交通路线。由于劳动教育活动的路线选择不当，遭遇道路维修、封路、路面崎岖不平、城乡接合部或乡村道路缺少交通信号灯等情况，或对路线不熟悉，则会增加交通安全风险。

（3）司机素质。一是司机在出发前就存在身体、心理不适等健康问题，影响正常驾驶；二是司机存在疲劳驾驶、酒后驾驶以及超速、抢道等违法违规行为。

四、环境条件风险

（1）生活环境。劳动教育基地住宿环境达不到卫生条件，如被褥床单等清洗不干净，导致学生出现过敏反应等；活动期间用餐环境不卫生、食材不新鲜、饮用水水质不达标等，导致食物中毒、水土不服等；劳动教育目的地正流行某种传染性疾病，导致学生被感染。

（2）人文环境。劳动教育目的地举办大型公共活动，导致人群密集；劳动教育目的地城市治安较差，偷盗抢劫案件多发或正发生群体性事件；方言造成的语言交流障碍，导致言语冲突；地方风俗习惯如清真习俗、宗教信仰等，导致文化冲突。

（3）自然环境。游览江河湖海等水域、沙漠、山地、高原等特殊环境未穿戴必备的防护装备，对特殊环境缺乏了解；由于未提前了解天气情况，驻留营地期间偶遇雨雪、雷电、大风等恶劣天气，或在酷热、寒冷等极端天气及夜间出行等。

第二节　劳动教育安全保障机制框架

劳动教育安全保障体系是指充分调动各种要素，对劳动教育活动中可能出现的安全问题进行提前防范，对安全事故进行一定的预防、监管和处理的功能系统。科学规范的劳动教育安全保障机制是劳动教育安全保障体系的重要基础。

一、劳动教育安全管控机制

建立“政府负责、社会协同、有关部门共同参与”的劳动教育安全管控机制是保证劳动教育活动安全有序的重要手段。

（1）政府机构应加快建立健全劳动教育安全保障制度。政府方面须制定劳动教育突发事件预案制度，厘清劳动教育中有关安全责任落实、安全事故处理、安全责任界定以及安全纠纷处理的主体与机制，保证劳动教育安全管理“有法可依，有据可行”。

（2）学校应加强安全教育，提高师生安全意识。劳动教育的主要对象是大中小学生群体，这一群体的安全意识与安全素质较为欠缺，学校的安全教育是增强学生安全意识、提高安全能力的主要途径。各级各类学校要加强对师生的劳动安全教育，强化劳动风险意识，要科学评估劳动实践活动的安全风险，认真排查、清除学生劳动实践中的各种隐患，在场所设施选择、材料选用、工具设备和防护用品使用、活动流程等方面制定安全、科学的操作规范，强化劳动过程每个岗位的管理，明确各方责任，防患于未然。

（3）相关部门应全面强化劳动教育安全的协同合作。劳动教育不是一种单纯的学生活动，它更是一种教学教育方式，其发展主要由教育部门牵头，过程涉及交通、公安、财政、文化、食品药品监管及保监会等不同部门，各相关部门都肩负着保障学生安全的重大责任。各部门加强协调与合作，共同构建一个科学、有序、安全的环境是保障劳动教育健康发展的重要支撑。

二、劳动教育风险分散机制

近年来，学生伤害事故频繁发生，学生在参与劳动教育过程中发生的意外伤害事件日益增多，这不仅影响到学校的正常发展及教育教学秩序，也给学生、家庭、社会带来了不安定因素。建立“政府、学校、家庭、社会共同参与”的劳动教育风险分散机制是保障劳动教育开展的长效之策。

（1）政府应建立并完善学生劳动教育意外伤害保险制度。2002 年 6 月，教育部颁布的《学生伤害事故处理办法》中规定：“学校有条件的，应当依据保险法的有关规定，参加学校责任保险。教育行政部门可以根据实际情况，鼓励中小学参加学校责任保险。”2006 年，教育部等部门颁布的《中小学幼儿园安全管理办法》中规定：“有条件的，学校举办者应当为学校购买责任保险”。2007 年，中共中央、国务院下发的《关于加强青少年体育增强青少年体质的意见》中规定：“建立和完善青少年意外伤害保险制度，推行由政府购买意外伤害校方责任险的办法，具体实施细则由财政部、保监会、教育部研究制定。”根据中央和国务院的意见，2008 年 4 月，由教育部、财政部、保监会下发了《关于推行校方责任保险完善校园伤害事故风险管理机制的通知》，该通知从投保范围、责任范围、理赔范围、经费保障和责任限额等方面提出了指导性意见，并对各省级教育行政、财政部门和保险监管机构、保险公司、学校以及其他有关部门就建立校方责任保险制度提出了具体的工作要求。当前，我国主要采用的是校方责任险和家庭自愿投保的学生意外伤害险相结合的商业保险的赔偿机制，以此转移学校的赔偿风险和补偿学生的伤害损失，是一种以事后赔偿为主的风险分散机制。鼓励学校和家庭为参加劳动教育的学生购买劳动教育相关保险，进一步完善学生劳动教育意外伤害保险制度，保障劳动教育正常开展。

（2）学校应建立健全安全教育与管理并重的劳动安全保障体系。一是各级各类学校要加强对师生的劳动安全教育，强化劳动风险意识。二是学校要科学评估劳动实践活动的安全风险，认真排查、清除学生劳动实践中的各种隐患，特别是辐射、疾病传染等，在场所设施选择、材料选用、工具设备和防护用品使用、活动流程等方面制定安全、科学的操作规范，强化对劳动过程每个岗位的管理，明确各方责任，防患于未然。三是有条件的学校要购买校方责任险。

（3）鼓励家庭自愿投保学生意外伤害险。家庭是劳动安全教育的第一课堂，家长或监护人不但要通过日常生活的言传身教、潜移默化，让孩子养成从小爱劳动的好习惯，掌握必要的生活技能、安全技能和应急技能，减少甚至消除各类劳动教育意外伤害风险，同时鼓励具备相应条件的家庭自愿投保学生意外伤害险。

（4）社会应充分履行劳动教育风险分散管理中的社会责任。充分利用社会各方面资源，为劳动教育提供必要的安全保障。企业公司、工厂农场等组织要充分履行社会责任，开放实践场所，支持学校组织学生参加力所能及的生产劳动、参与新型服务性劳动，积极开展学生劳动安全教育科普宣传，切实保障开展劳动教育活动和场所安全。

三、劳动教育应急与事故处理机制

制定劳动教育活动应急预案，建立并完善劳动教育应急与事故处理机制是应对劳动教育突发事件的关键能力。

（1）拟制翔实活动方案。劳动教育活动要严格按照课程设计原则，根据校情、生情和课程延伸需要，提出合理计划，设计科学路线。

（2）规范制定应急预案。劳动教育活动前，学校要安排专人到目的地进行现场调查，判定是否符合开展活动条件，逐步完善相关应急预案。

（3）强化安全应急演练。劳动教育活动开展前，学校要针对活动内容，组织师生进行安全专题教育及演练培训。具体包括：一是防灾教育。教育学生注意躲避雷雨、冰雹，防范雷电伤害和动物伤害。二是防过敏性教育。告诉体质过敏的学生不要近距离接触花草，不要在草地上睡觉，面部不要直接与花朵接触，以免发生过敏症状。三是饮食卫生教育。提醒学生不要摘食野果，不购食不卫生食品，不吃不清洁的食物，不喝泉水、塘水和河水等，以免发生食物中毒或肠道疾病。四是交通安全演练。学会登车、下车、系解安全带，不在车上打闹，不把身体任何部位伸到车窗外，掌握交通事故自救、逃生技能。

（4）规范处置突发情况。在外出进行实践活动时难免会发生各类突发情况，这就要求学校要及时启动应急预案，科学应对。要及时处理小伤（病）和正确处理火情。火情一旦发生，首先要逆风疏散学生，及时拨打火警电话。

（5）活动现场应急保障。学校要充分了解目的地医院分布情况，校医备足野外救护药品、器械，班主任可随身携带风油精、止泻药、抗过敏药等常见应急物品。

本章小结

劳动教育安全保障体系是指充分调动各种要素，对劳动教育活动中可能出现的安全问题进行提前防范，对安全事故进行一定的预防、监管和处理的功能系统。科学规范的劳动教育安全保障机制是劳动教育安全保障体系的重要基础。必要的安全保障不仅是开展劳动教育的前提基础、重要支撑，更对学生树立科学的劳动观念，形成“人民至上，生命至上，安全至上”的理念，具备初步的职业安全素质具有重要意义。劳动教育活动作为一种职业劳动过程，存在一定程度的劳动安全风险，主要分布在组织管理、人员素质、交通条件和环境条件四个方面。

关键术语

劳动教育风险　组织风险　人员风险　交通风险　环境风险　劳动教育安全保障体系

思考题

1. 什么是劳动教育风险？劳动教育风险分为哪几种类型？
2. 如何认识劳动组织风险中的影响因子？
3. 如何认识劳动环境风险中的影响因子？
4. 如何建立劳动教育风险分散机制？
5. 如何构建劳动教育安全保障体系？

延伸阅读

[1] 巩彦奎. 学校劳动教育安全风险防控的保障制度研究 [J]. 考试周刊，2021 (44)：5－6.

[2] 吴育妹. 浅谈构建小学劳动教育安全保障机制的对策 [J]. 新课程，2021 (7)：10.

[3] 任国友. 疫情防控常态化下劳动教育安全风险保障体系构建 [J]. 工会博览，2021 (4)：29－31.

[4] 任国友. 劳动教育风险类型与安全保障机制的构建 [J]. 人民教育，2020 (08)：27－29.

参考文献

[1] 檀传宝. 劳动创造美好生活 [M]. 北京：中国劳动社会保障出版社，2019.

[2] 潘维琴，王忠诚. 劳动教育与实践 [M]. 北京：机械工业出版社，2021.

[3] 袁国，徐颖，张功. 新时代劳动教育教程 [M]. 北京：航空工业出版社，2020.

[4] 柳友荣. 新时代大学生劳动教育 [M]. 北京：高等教育出版社，2021.

[5] 曾天山，顾建军. 劳动教育论 [M]. 北京：教育科学出版社，2020.

[6] 李效东. 大学生劳动教育概论 [M]. 北京：清华大学出版社，2021.

[7] 刘向兵. 劳动通论 [M]. 2版. 北京：高等教育出版社，2021.

[8] 赵鑫全，张勇. 新时代大学生劳动教育 [M]. 北京：机械工业出版社，2021.

[9] 党印. 职业与劳动：大学生劳动教育十讲 [M]. 北京：人民交通出版社，2021.

第六章

劳动教育基地风险评估方法

劳动教育基地风险评估主要包括劳动教育基地风险类型化、劳动教育基地风险因子识别、劳动教育基地风险评估方法和仿真结果分析。

巴西国家博物馆“9·2”火灾事故启示

2018 年 9 月 2 日晚，位于里约热内卢市的巴西国家博物馆发生火灾。火势始终无法控制，馆内逾 2 000 万件藏品恐怕都已被烧毁。5 个小时后，消防员控制住火势，却没有完全扑灭明火。这座博物馆外立面呈嫩黄色，透过巨大窗户可见内部被熏黑的走廊和烧焦的房梁。消防员不时现身，搬运“抢救”出来的藏品。起火时，博物馆已经闭馆，馆内 4 名安保人员都及时逃出，没有人员伤亡。博物馆整个三层建筑基本被烧毁，仍存在坍塌风险。同时，巴西国家博物馆副馆长表示，博物馆仅有 10% 的藏品得以幸存，包括陨石、矿石和部分陶艺收藏等。

巴西国家博物馆在 19 世纪初曾是葡萄牙王室的王宫，现为美洲地区最大的人文和自然历史博物馆之一。博物馆里最古老的文物是一具有着 1.2 万年历史的女性遗骸，它也是迄今拉丁美洲发现的最古老人类遗骸。巴西国家博物馆由里约联邦大学管理，除作为科研机构外，还是自然历史博物馆，同时展出王室的一些生活物品，馆内 2 000 万件藏品展现了从 1500 年葡萄牙人发现巴西一直到巴西成立共和国的历史。2018 年 6 月，刚刚庆祝建馆 200 周年。

博物馆副馆长表示，多年来博物馆一直被政府所忽视，从来没有从联邦政府那儿获得任何资助。多年以来，博物馆方面多次寻求政府帮助，但政府官员都置之不理。国家博物馆刚刚与巴西国家社会经济发展银行达成投资协议，银行承诺提供 2 170 万雷亚尔（约 535 万美元）整修博物馆，但部分资金必须等到 2018 年 10 月总统大选后才能动用，而整修计划中也包含防火设施，这是“最可怕的讽刺”。

2018 年 9 月 3 日，据当地消防部门发言人罗伯托·罗巴迪（Roberto Robadey）介绍，共有 80 名消防员投入救火工作中，直至 3 日凌晨，仍有 50 名消防员在现场作业。火势已得到控制。

10月19日，巴西国家博物馆方面称，头骨化石碎片已经被找到，其中80%的碎片已经得到确认，博物馆将对头骨化石进行修复。下一步博物馆将对头骨化石进行修复、重组，确定还有哪些碎片遗失。

博物馆方面说，火灾原因不明。巴西文化部部长塞尔吉奥·萨·莱唐告诉《圣保罗州报》记者，火灾可能由电路短路或手工制作的纸质热气球落在屋顶导致。放飞这种热气球是巴西的一项传统，时而会引发火灾。

资料来源：https://baike.baidu.com/item/9%C2%B72%E5%B7%B4%E8%A5%BF%E5%9B%BD%E5%AE%B6%E5%8D%9A%E7%89%A9%E9%A6%86%E7%81%AB%E7%81%BE%E4%BA%8B%E6%95%85/22851875?fr=aladdin

【案例思考】

(1) 这是一起典型的博物馆类劳动教育基地场所火灾，其风险主要表现在哪些方面?

(2) 博物馆长期得不到政府修缮资金，你认为这是引发古建筑火灾的最重要原因吗?

(3) 古建筑和一般的劳动教育基地火灾风险的本质区别是什么?

第一节　劳动教育基地风险类型化分析

党和国家一直以来都高度重视劳动教育的发展。2018年全国教育大会后，劳动教育成为国民教育体系的重要组成部分。2020年3月，中共中央、国务院印发《关于全面加强新时代大中小学劳动教育的意见》（简称《意见》）。2020年7月，教育部发布《大中小学劳动教育指导纲要（试行）》（简称《纲要》）。劳动教育基地是开展大中小学劳动教育活动的重要场所。然而，作为一类典型的人员密集型区域，基地易引发拥挤踩踏事故、火灾事故，其火灾荷载高、人员数量多，发生火灾后火势蔓延速度快、人员疏散逃生难，非常容易引起人员伤亡和财产损失。大中小学劳动教育基地因人群的高度密集和流动性，劳动环境、劳动项目等动态变化，易造成二次衍生事故。校外劳动教育基地安全问题已成为制约大中小学开展劳动教育的一个重要影响因素，相关报道很少。正是基于此，本书从劳动教育基地调查分类入手，以科技馆类（Science and Technology Museum Type，STMT）劳动教育基地为例，客观分析劳动教育基地固有风险和动态风险的指标及权重，并通过MassMotion软件进行了人群疏散仿真模拟，为制定STMT劳动教育基地安全保障控制对策提供了理论依据。

一、劳动教育基地类型

依据对30家劳动教育基地现状的统计，结合德育、智育、体育、美育、劳育的教

育目的，将我国劳动教育基地分为以下几种：

（1）纪念馆类劳动教育基地。此类基地主要包括以培养学生个人品德以及弘扬各种精神为目的的各类大中小型纪念馆，是以培养劳动价值观为主的基地。

（2）科技馆类劳动教育基地。此类基地主要包括以提升学生智力水平、拓宽学生知识面为目的的各类科技馆，是以培养劳动科学知识为主的基地。

（3）少年宫类劳动教育基地。此类基地主要包括以陶冶学生情操、锻炼学生身体素质为目的的各大青少年活动中心、少年宫，是以培养劳动素质为主的基地。

（4）新体验类劳动教育基地。此类基地主要包括以体验耕种、工厂生产劳动，弘扬劳模精神、劳动精神、工匠精神为目的的各学工学农、动手劳动以及新兴的体验式实践基地。

二、劳动教育基地事故隐患类型

劳动教育基地作为大中小学实施劳动教育的重要场所，其安全性直接关系到师生的人身安全和财产安全。在劳动教育基地中，事故隐患类型主要包括以下三个方面。

（1）物的不安全状态。主要有以下几类：①设备设施缺陷，主要指劳动教育基地内的各种设备、设施、工具及附件可能存在的缺陷，如老化、损坏、安装不当等；②防护、保险、信号等装置缺乏或有缺陷，如安全警示标志不清晰、应急照明不足、防护栏杆损坏等；③劳动防护用品用具缺乏或有缺陷，如未提供足够的个人防护装备（如安全帽、防护服、防护眼镜等），或者提供的装备不符合安全标准；④生产（施工）场地环境不良，如照明不足、通风不良、温度过高或过低、噪声过大等。

（2）人的不安全行为。主要有以下几类：①忽视安全、忽视警告、操作错误，如未按照操作规程进行作业，忽视安全警示标志和警告信息等行为；②人为造成安全装置失效，如为了图方便或省事，可能故意破坏或拆除安全装置等行为；③使用不安全设备，如使用未经检验或存在缺陷的设备进行作业等行为；④其他不安全行为，如用手代替工具操作、物体存放不当、冒险进入危险场所、攀坐不安全位置等行为。

（3）管理上的缺陷。包括安全生产责任制不落实、安全生产管理制度不健全、安全教育培训不到位、事故隐患排查治理不力、应急管理能力不足等。

三、劳动教育基地事故隐患特征

统计分析2000年以来通过互联网报道的30起劳动教育基地相关事故，劳动教育基地事故隐患特征主要表现为以下几方面。

（1）基地本身及内部设备设施。主要表现为：①展厅的展品大多是易燃物品，一遇明火极易造成火灾事故；②部分基地由于展厅为老旧建筑，选材不合格，一遇极端天气有可能会发生火灾；③展厅选用建筑材料性能不合格；④展厅内电气线路铺设存在问题、电气线路老化；⑤有部分基地被树木环绕，一旦遇明火也易发生火灾，这使基地很容易被波及；⑥基地覆盖面积及最大容纳人数。

（2）劳动教育项目及环境。主要表现为：①劳动环境中存在粉尘、有害气体、易燃易爆气体；②劳动环境规划不合理，存在人员拥挤的情况，可能导致人员踩踏；③劳动项目本身要求较高，如需要操作机械、项目不符合人因工程学，自身存在一些安全隐患；④劳动人员在开展项目时存在误操作，导致各种伤害事故。

（3）基地安保。部分地区的劳动教育基地并没有配备安检设施，这极大地提高了易燃易爆物品进入场馆的可能性，一旦被引燃，极易发生火灾。

（4）基地人员的安全意识。人们往往会存在侥幸心理，这有可能引发安全事故。一旦工作人员缺乏安全意识，将会给生产带来不便，可能造成安全事故；而消极的工作态度在一定程度上也可能引发安全事故。

第二节　劳动教育基地风险评估指标

一、构建原则

（1）科学性原则。科学性原则主要体现在理论与实践相结合。在制定指标体系前既要进行前期的文献调研，形成充实的理论储备；也要用科学的方法进行实地走访，更能直观地了解所要分析系统的特点。

（2）系统优化原则。评价对象须指定若干指标进行衡量，同层次指标以及不同层级指标是互相制约、互相联系的。

（3）通用可比原则。通用可比原则指的是不同时期不同对象之间的比较，即纵向比较和横向比较。

（4）实用性原则。实用性原则指的是实用性、可行性和可操作性，即对数据的准确性和可靠性加以控制。

（5）目标导向原则。评价的目的是引导和鼓励被评价对象向正确的方向和目标发展。

二、STMT 劳动教育基地风险评估指标及其内涵

（1）固有风险。风险应分为动态风险与固有风险两类。固有风险是指在无内部影响的情况下，可能发生的风险，其重点考虑场馆建筑材料、建筑结构、设备设施、工程技术以及其他固有风险。劳动教育基地固有风险是在劳动教育基地没有开展劳动教育活动时，基地存在的安全隐患客观固有的风险。因此，反映科技馆类劳动教育基地固有风险的评价指标主要包括场馆、设备设施。其中，场馆重点考虑建筑结构和场馆容纳能力，而设备设施重点考虑设备设施自身质量、设备设施日常检修和设备设施安全防护等因素。

（2）动态风险。动态风险，也称附加风险、剩余风险、现实风险和可变风险。郭君、黄崇福、艾福利将变化的风险称为动态风险。在动态风险评估中，重点考虑在基地开展劳动教育活动前后变化的因素，即劳动教育基地开展活动时所需的环境、劳动项目所需的劳动工具、劳动教育的劳动人员、参加劳动教育的参访人员、劳动教育基

地现场的安保人员。反映STMT教育基地的动态风险包括劳动教育基地开展劳动教育活动前后变化的评价指标，即劳动环境、劳动项目、劳动工具、安保管理、参访人员。其中，劳动环境重点考虑自然环境、人文环境、工业环境和出行环境；劳动项目重点考虑登高作业、用电作业、机械故障和指导人员专业素质；劳动工具重点考虑劳动教育基地应该对劳动工具的使用、设备操作制定严格、规范的操作流程和配置足量的防护用品；安保管理重点考虑劳动教育基地秩序的维护与管理，即安保人员数目、安保人员专业资质和安检水平；参访人员重点考虑参访人员数目、应急能力、安全保障。

三、劳动教育基地风险评估指标体系

根据上述构建原则，STMT劳动教育基地风险评估指标体系（见图6－1）分为2个一级指标和6个二级指标。一级指标分为固有风险和动态风险。其中固有风险包括场馆、设备设施两个二级指标；动态风险包括劳动环境、劳动项目、安保管理、参访人员4个二级指标；三级指标共20个。

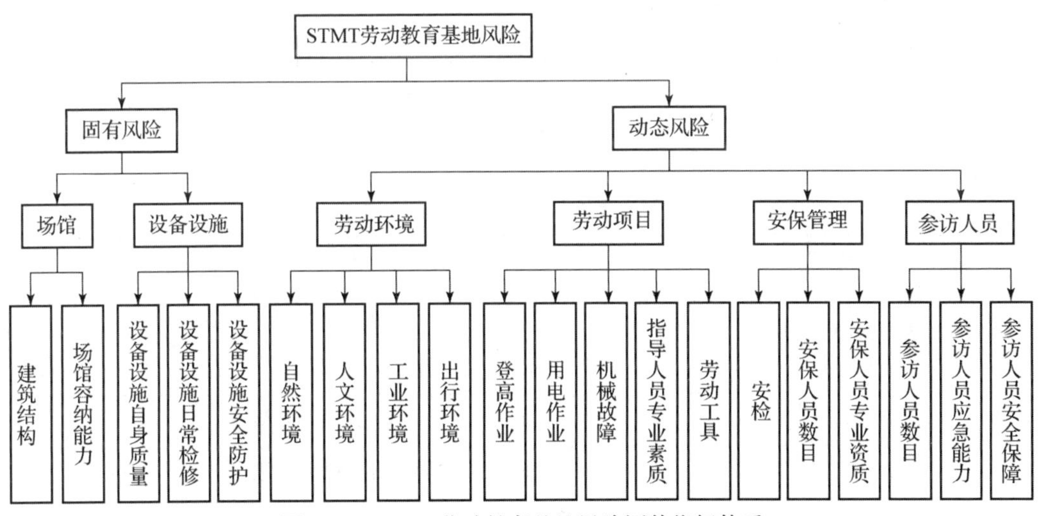

图6－1　STMT劳动教育基地风险评估指标体系

第三节　劳动教育基地风险评估

一、劳动教育基地风险评估方法

风险评估是风险管理的一个环节，它建立在风险识别与分析的基础上，是指在风险事件发生前后，对风险发生的概率、影响和损失进行量化的评估，并根据评估结果来确定风险等级。风险评估常用的方法有专家打分法和层次分析法等。层次分析法是将定性和定量方法有机结合起来，可以快速有效地解决由于实际问题复杂而无法整体定量计算的问题。层次分析法的分析流程如图6－2所示。

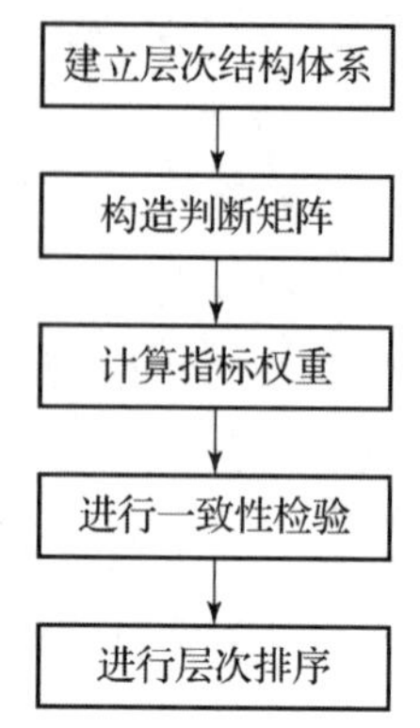

图 6－2　层次分析法的分析流程

采用层次分析法对 STMT 劳动教育基地风险进行评估，基地的安全评估指标体系递阶层次模型如图 6－1 所示。

二、层次分析具体步骤

（1）建立安全评估指标体系递阶层次模型。

（2）构造区间判断矩阵。采用表 6－1 的标准对同一层已经两两比较过的指标进行赋值，这样就构造出了判断矩阵 $\boldsymbol{A}=(a_{ij})_{n\times n}$。

表 6－1　评价标准

a_{ij}取值	范围
1	a_i与 a_j比同样重要
3	a_i与 a_j比稍微重要
5	a_i与 a_j比明显重要
7	a_i与 a_j比强烈重要
9	a_i与 a_j比极端重要
其他 1～9 的数值	a_i与 a_j相比，重要程度处于相应两个数之间
倒数	a_i与 a_j相比得判断 a_{ij}，a_j与 a_i相比得判断 $a_{ji}=1/a_{ij}$

（3）进行权重计算。最终得到权重为 $W=(w_1, w_2, \cdots, w_n)$，其中 w_n 为第 n 个因素 U_n 所对应的权重。

（4）建立评估等级标准。本书建立的评估等级主要分为状态良好、较好、较差、坏、危险，对应评级如图 6－3 所示。

（5）模糊综合评估。

先进行无量纲化处理，之后再进行模糊化处理，最后得到模糊矩阵。该模糊矩阵可以反映该指标所属的状态等级。模糊综合评估的公式如下：

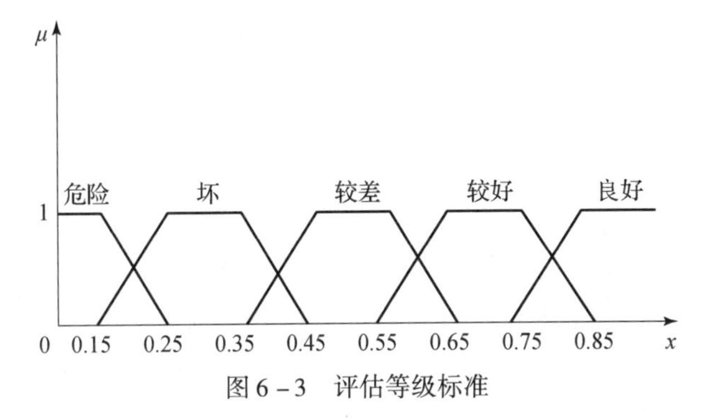

图 6-3 评估等级标准

$$V = W \cdot \boldsymbol{R} = (w_1, w_2, \cdots, w_n)\begin{bmatrix} R_{11} & \cdots & R_{15} \\ \cdots & \cdots & \cdots \\ R_{51} & \cdots & R_{55} \end{bmatrix} = (V_1, V_2, \cdots, V_n) \tag{6-1}$$

最后可以按最大隶属度的原则来判断质量等级。模糊综合评价采用加权评分法。加权评分法的表达式为

$$F = \sum_{i=1}^{n} a_i \cdot S_i \tag{6-2}$$

式中：F 为加权平均值；S_i为第 i 个指标的评分；a_i 为第 i 个指标的权重值；并且满足 $\sum_{i=1}^{n} a_i = 1$。

三、指标权重计算

结合图 6-1 中 STMT 劳动教育基地层次结构因子绘制专家打分表，邀请 5 位专家通过相对重要性比例标度对 STMT 劳动教育基地风险评估指标体系中若干因素两两比较打分。通过整理数据，运用 YAAHP 层次分析法软件得到指标权重计算结果如表 6-2 所示。结果表明，在 STMT 劳动教育基地风险中，动态风险比固有风险的权重大。在一级指标固有风险下，二级指标场馆（0.750 0）比设备设施（0.250 0）所占权重更大。在一级指标动态风险下，二级指标相对重要性次序依次为参访人员（0.608 9）、劳动项目（0.576 5）、安保管理（0.177 4）、劳动环境（0.156 1）。在二级指标场馆下，三级指标建筑结构所占权重最大（0.791 7）；在二级指标设备设施下，三级指标设备设施自身质量权重最大，达 0.678 6；在二级指标劳动环境下，三级指标出行环境权重最大，达 0.398 8；在二级指标劳动项目下，三级指标指导人员专业素质权重最大，达 0.464 5；在二级指标安保管理下，三级指标安保人员专业资质权重最大，达 0.650 7；在二级指标参访人员下，三级指标参访人员数目权重最大（0.458 3）。综上所述，动态风险在 STMT 劳动教育基地风险中所占比重远远大于固有风险，而其二级指标参访人员的权重更是达到了 0.6 以上。这说明参访人员数量参数的变动对于科技馆类劳动教育基地的安全性影响最大，除了考虑场馆固有风险外，动态风险更是不容忽视的一部分内容，其中参访人员是 STMT 劳动教育基地风险保障的关键参数。

表 6-2 STMT 劳动教育基地风险评估指标体系各指标权重

一级指标	一级指标权重	二级指标	二级指标权重	三级指标	三级指标权重
固有风险	0.460 0	场馆	0.750 0	建筑结构	0.791 7
				场馆容纳能力	0.208 4
		设备设施	0.250 0	设备设施自身质量	0.678 6
				设备设施日常检修	0.212 7
				设备设施安全防护	0.108 8
动态风险	0.540 0	劳动环境	0.156 1	自然环境	0.360 6
				人文环境	0.119 2
				工业环境	0.124 1
				出行环境	0.398 8
		劳动项目	0.576 5	登高作业	0.072 9
				用电作业	0.129 3
				机械故障	0.201 9
				指导人员专业素质	0.464 5
				劳动工具	0.131 5
		安保管理	0.177 4	安保人员数目	0.197 5
				安保人员专业资质	0.650 7
				安检	0.151 9
		参访人员	0.608 9	参访人员数目	0.458 3
				参访人员应急能力	0.096 1
				参访人员安全保障	0.445 7

第四节　劳动教育基地参访人员应急疏散仿真分析

一、MassMotion 仿真模型与场景构建

本节选取江苏省盐城市某工业园科技展厅为研究对象，该馆共 1 层，占地面积 1 034 m^2，其中科技馆展示面积（劳动项目覆盖面积）约占总面积的 40%，大约为 413.6 m^2，而参访人员休息面积约占总面积的 20%，大约为 206.8 m^2，交通面积约占总面积的 40%，大约为 413.6 m^2。该科技馆除了大厅之外，一共有 4 个分区，每个分

区内有不同的劳动项目供参访人员进行活动，每个分区都是相通的，整个展厅有两个入口，同时也是出口，另展厅设有一个工作间，工作间可直接通向室外，但参访人员禁止进入，故此出口本次仿真不予考虑。为了能够直观地观察整个疏散过程，科技馆初始模型以及 MassMotion 软件简化后的模型如图 6－4 和图 6－5 所示。

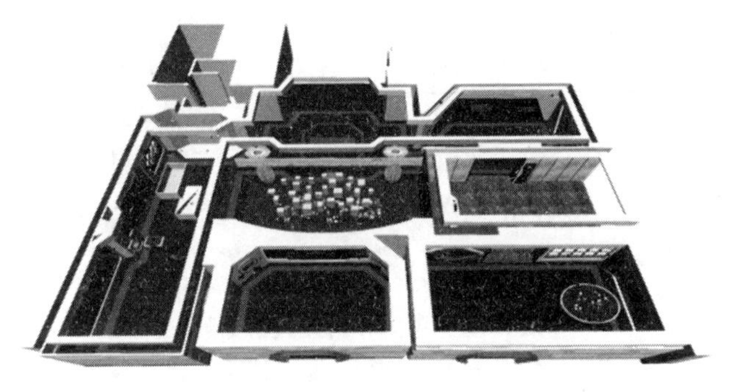

图 6－4　科技馆全景模型

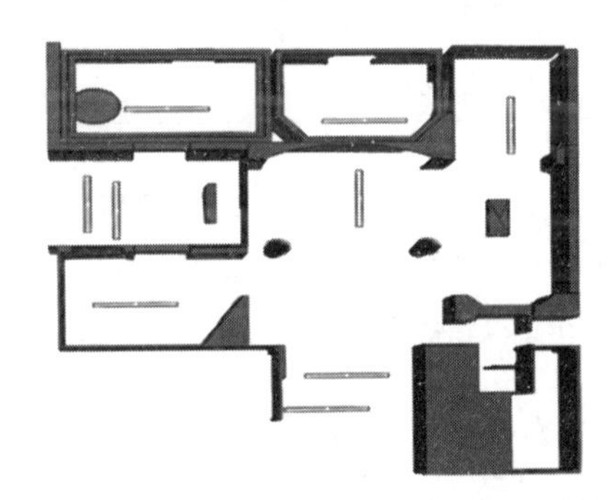

图 6－5　科技馆仿真分析模型

二、参访人员参数设定

在本模型中，存在三种身份的人群，分别是科技馆的参访人员、科技馆安保人员和科技馆内的劳动项目指导人员，但按照基数来说，参访人员远远多于其他两类人群，参访人员数目的变化对于人群疏散难度的影响最大，故本节重点研究参访人员的相关参数设定。而劳动教育的重点对象是正处于义务教育阶段的学生，故本节的参访人员除了考虑普通成人的相关参数之外，对于 12 岁儿童的身体参数也做同样分析。我国成年人、12 岁儿童部分部位尺寸如表 6－3 所示。

表 6－3　不同人群部位尺寸表

性别	百分点	两臂伸展高度/米	身高/米
男	第 50 个百分点	1.70	1.67
女	第 50 个百分点	1.58	1.56
男	第 96 个百分点	1.80	1.77

续表

性别	百分点	两臂伸展高度/米	身高/米
女	第96个百分点	1.72	1.70
男童（12岁）	第50个百分点	1.55	1.52
女童（12岁）	第50个百分点	1.50	1.52

假设科技馆内参访人员分布在馆内各个区域。由于不同年龄段人群的运动速度、身体参数是不同的，所以根据相关文献设定不同年龄段人群的各项参数如表6-4所示。

表6-4 不同年龄段人群参数

人员类型	肩宽	步行速度
成人	0.347~0.486米均匀分布	0.9~1.5米均匀分布
12岁儿童	0.336~0.340米均匀分布	0.83~1.11米均匀分布

因此本节选用MassMotion软件中LUL成人与孩子行走速度标准，其中平均速度为1.085米/秒、最大速度为1.90米/秒、最小速度为0.83米/秒、标准偏差为0.15米/秒。人员行走半径平均值为0.188 65米，最大值为0.243米，最小值为0.168米，标准偏差为0.015米。

三、仿真研究工况设定

张鹰（2012）通过理论分析提出了科技馆合理参观人数的计算公式，如式（6-3）所示。

$$A = N \cdot S = A_1 + A_2 + A_3 = A_1 + \frac{S_2}{2.5} + \frac{S_3}{3.2} \tag{6-3}$$

式中：A为科技馆合理观众人数；A_1、A_2、A_3分别为观赏空间、休息空间、交通空间的观众人数；S_1、S_2、S_3分别为观赏空间、休息空间、交通空间的净面积。

将相关参数代入式（6-3）可知，科技馆合理容纳人数为

$$A = 413.6 + \frac{206.8}{2.5} + \frac{413.6}{3.2} \approx 626(\text{人})$$

在研究前期作者与工业园展厅负责人进行了电话调研，从调研结果可知，该科技馆在日常普通工作日同时接待游客数量在300人左右，在节假日因人流量增多，同时接待游客大概会在普通工作日数量上再增加一倍，达到700人左右。而该调研结果与本节通过理论计算的理想值接近，这进一步验证了理论公式的科学性。因此本节结合理论公式计算与实际调研结果，将仿真参数确定为八组范围区间，代表不同时期的科技馆内人群参观情况，八组情况中分别包含了科技馆普通工作日参访人员参访情况、节假日人流量增多时参访人员参访情况。八组范围区间为[0，250]、（250，500]、

(500, 750]、(750, 1 000]、(1 000, 1 250]、(1 250, 1 500]、(1 500, 1 750]、(1 750, 2 000]；其中 (250, 500] 和 (500, 750] 包括了科技馆普通工作日参访人员参访情况以及节假日人流量增多时参访人员参访情况。

四、仿真结果分析

从疏散时间、人群行走速度、各分区人群密度三个方面来进行分析。

(1) 疏散时间。参访人数与应急疏散时间的关系如图 6－6 所示。由图可知，疏散时间的长短与参访人员数目近似成正比，参访人数越多，疏散时间越长。但第二个工况疏散时间反而比第一个工况时间短，这是因为疏散时间长短还受其他因素影响，比如个人社会能力、参访人员的应急能力。参访人员一旦发现人员数量开始增加，疏散时心理就会出现警觉性，不自觉地就会表现为行走速度提升，这就造成了前两次仿真数据与后几个工况规律不一致。但是当参访人员基数开始继续增多时，参访人员数目已经成了影响疏散时间最大的因素，所以疏散时间开始近似呈线性上升。

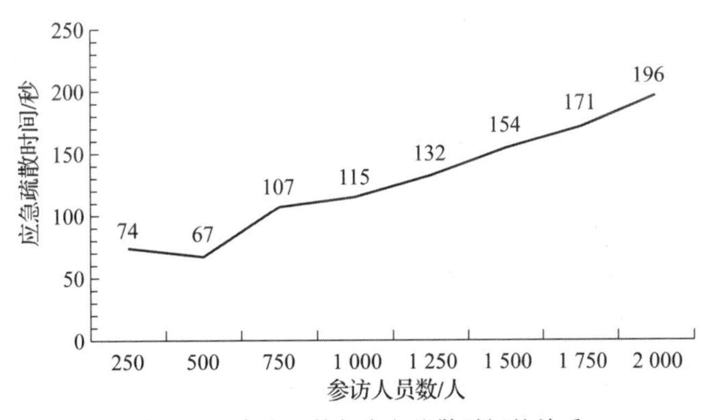

图 6－6　参访人数与应急疏散时间的关系

(2) 人群行走速度。不同参访人员数目下人员疏散时的速度分布如表 6－5 所示。

图 6－7 中不同颜色代表了不同的行走速度，由红到蓝分别表示行走速度从慢到快。随着参访人员数目的增加，科技馆同时容纳人数增多，馆内人均使用面积变小，这就造成了人员行进速度变缓慢。在图中则表现为随着人数增加，图中蓝色区域越来越小，红色区域越来越大。

表 6－5　人员速度颜色分布（见彩插）

密度/(人·平方米$^{-1}$)	颜色
>0.963	■
0.941～0.963	■
0.904～0.941	■
0.844～0.904	■
0.563～0.844	■
<0.563	■

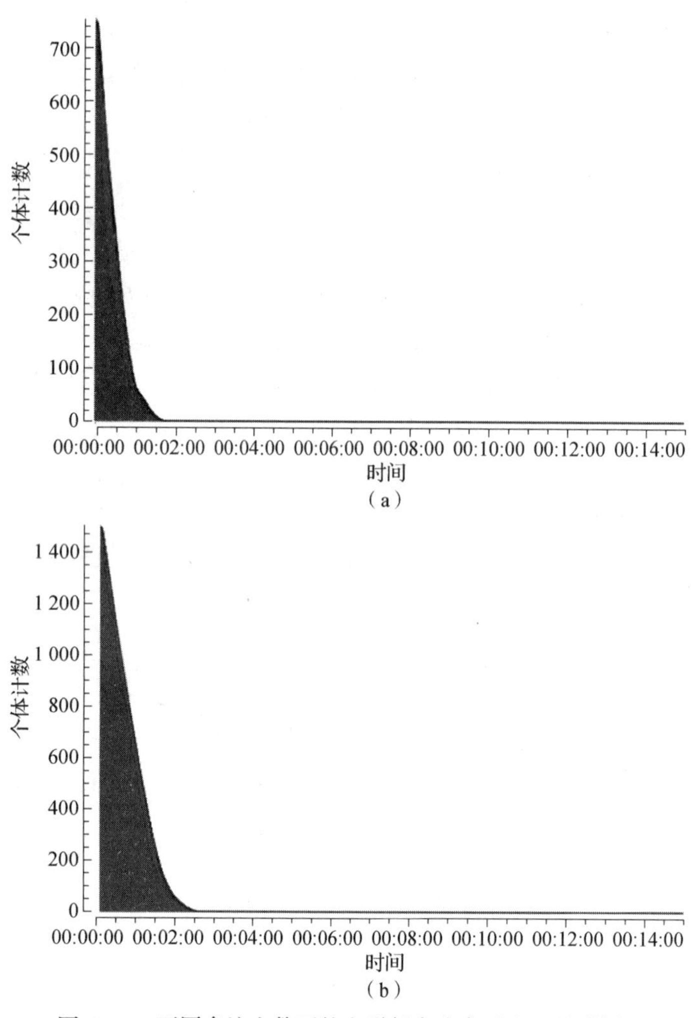

（a）

（b）

图 6－7　不同参访人数下的人群行走速度对比（见彩插）

（a）750 人；（b）1 500 人

（3）人群密度。通过模拟不同参访人员数目疏散，可以生成科技馆最大人员密度图。如表 6－6 所示，其中图例 A～F 等级参照 MassMotion 软件服务水平颜色映射值。

表 6－6　人员密度 A～F 等级（见彩插）

等级	密度/(人·平方米$^{-1}$)	颜色
A	<0.309	■
B	0.309～0.431	■
C	0.431～0.719	■
D	0.719～1.075	■
E	1.075～2.174	■
F	>2.174	■

最大密度分布如图6－8所示。从表6－6可以看到，随着参访人员数目的增多，各图对应最大密度等级F的红色区域逐渐增大；这是因为人数增多后，人员的流动性降低，相对于人数少时每个区域出现拥堵的概率大大上升。另外，最大密度等级最高的区域是科技馆开展劳动项目的各个分区，是因为开展劳动项目的各个分区在进行活动时，人员流动相对较慢，进入劳动项目区域的参访人员大于出去的人员，这就会造成一定程度的人群聚集。该组仿真结果也进一步印证了前文构建STMT劳动教育基地风险评估指标体系中劳动项目所占权重的科学性。

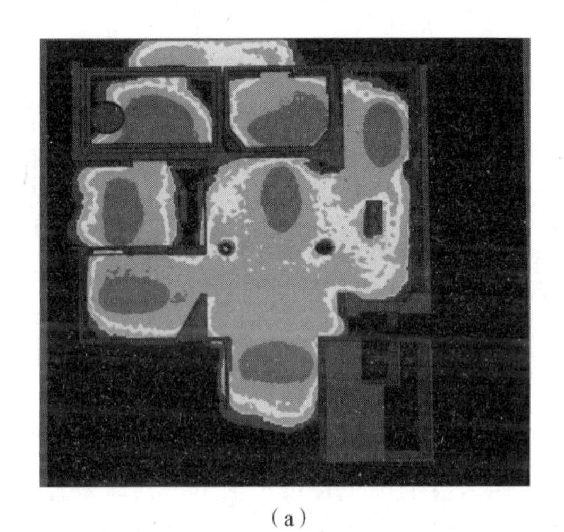

（a）

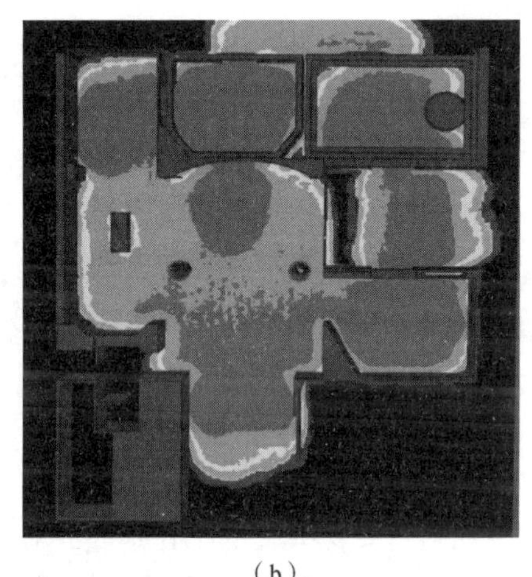

（b）

图6－8　不同参访人数下的人群最大密度对比（见彩插）

（a）750人；（b）1 500人

五、STMT劳动教育基地安全保障对策

（一）STMT劳动教育基地固有风险控制对策

（1）场馆风险控制。一是应该加强工程建设各环节的质量管理，确保整个工程的质量，保证结构设计的可靠性；二是在选择建筑材料时，应该选择符合国家标准的安全材料。除此之外，基地还应该定期对场馆的各建筑构件进行维护，保证场馆处于良好的状态，供参访人员参观，进行劳动教育活动。

（2）设备设施风险控制。一是在设备设施安装环节，工作人员需要严格把控，不破坏设备设施的精准度，最大程度地保护设备设施的性能不在这个环节受到破坏；二是基地应该在安装完毕后进行设备设施安装的验收，保证安装完毕的设备设施处于可靠状态；三是相关工作人员应该对设备设施进行日常维护，定期进行清洗，保证设备设施处于健康状态。

（二）STMT劳动教育基地动态风险控制对策

（1）劳动环境风险控制。一是相关部门可以针对极端天气采取相应的缓解措施，在强降雨的地区增加排水系统，避免雨季雨水泛滥成灾；必要时可以在极端天气盛行的季节采取缩短开馆时间或者闭馆进行线上活动的形式，这样能够避免出现相关事故。

二是对人文环境以及工业环境的影响都可以通过人为的努力来加以控制。三是可以通过提高劳动教育基地所在片区的应急管理水平，完善相关地区的安全规章制度，提高劳动教育基地所在区域的安全文化水平，从而改善该区域的人文环境。四是通过对劳动教育基地周边的高危行业建筑进行严格排查，对于相关排放气体进行严格的指标控制，这可以一定程度上降低周边环境对劳动教育基地的威胁。而对于劳动环境中所占权重最大的出行环境，相关部门应该加大对劳动教育基地附近交通出行的巡查，加大交通建设的投入，增设防护栏，建设参访人员专用通道，降低出现交通事故的概率。

（2）劳动项目风险控制。一是从源头上选拔人才时本着宁缺毋滥的原则招募具有相关资质的专业性人才作为项目的指导人员；二是人事部门应该完善人事考核制度，对于指导人员定期进行专业知识、安全操作流程考核，考核不通过的工作人员不予上岗；三是基地应该组织指导人员定期进行专业知识的学习，不断夯实自己的专业能力。除此之外，劳动项目还涉及多种类作业，相关部门应该加大劳动项目的安全投入，增设功能齐全、质量上乘的劳动工具以及配套的防护用具，比如登高作业时的安全帽、安全网以及安全带。

（3）安保管理风险控制。一是在招募安保人员时应该严格设定招聘标准，对于有安保经验的应聘人员优先录取，从源头上开始提升安保管理的品质；二是在日常安检工作中加强对安保人员的工作巡查，杜绝安保人员消极工作；定期组织安保人员进行统一学习，及时了解安检新要求，掌握安检新技术，提高工作效率。而对于安保队伍的建设，安保部门可以通过提高安保人员社会保障福利、增加安保人员纳入编制的数量来刺激人们加入安保人员的队伍。

（4）参访人员风险控制。一是基地可采取实名预约制，限制每天预约到馆人数，从源头上控制单日接待人数；二是基地应该控制同时在馆最大人数，采取技术动态同步监控，超过阈值则放缓安检进馆的速度，情况严峻时采取停止检票的措施。同时，学校、家庭、机构三方都应该采取一定措施提升参访人员的应急能力。

本章小结

本章在统计全国各类劳动教育基地数据的基础上，以 STMT 劳动教育基地为例构建劳动教育基地风险评估指标体系，并通过 MassMotion 仿真分析验证参访人数应急疏散规律，进而为科学开展劳动教育基地安全保障对策研究提供了理论依据。

关键术语

劳动教育基地　事故隐患特征　固有风险　动态风险　情景构建　风险评估　参访人员　应急疏散

思考题

1. 阐述劳动教育基地风险类型的划分原则与方法。
2. 阐述劳动教育基地风险的基本特征。
3. 如何区分固有风险和动态风险？
4. 如何进行劳动教育基地参访人员的应急疏散仿真分析？
5. 劳动教育基地类人员密集场所应如何进行人群行为仿真分析？

延伸阅读

[1] 刘言刚. 人员密集场所安全管理培训教材 [M]. 北京：气象出版社，2008.

[2] 张泽江，梅秀娟. 古建筑消防 [M]. 北京：化学工业出版社，2010.

[3] 林丽，周大火. “互联网 +” 在文物古建筑火灾预防方面的运用 [J]. 今日消防，2021，6 (08)：99 - 101.

[4] 巩彦奎. 学校劳动教育安全风险防控的保障制度研究 [J]. 考试周刊，2021 (44)：5 - 6.

[5] 田文涛. 火灾风险下古建筑城镇消防供水可靠性分析 [J]. 科技通报，2021，37 (03)：92 - 96 + 103.

[6] 宋思宇. “互联网 +” 时代文物古建筑火灾原因及防火措施研究 [J]. 今日消防，2021，6 (03)：69 - 70.

[7] 任国友. 疫情防控常态化下劳动教育安全风险保障体系构建 [J]. 工会博览，2021 (04)：29 - 31.

[8] 任国友. 劳动教育风险类型与安全保障机制的构建 [J]. 人民教育，2020 (08)：27 - 29.

参考文献

[1] 杨虹霞. 安全生产和应急管理的根本任务及其实现途径 [J]. 安全，2020，41 (6)：27 - 29，34.

[2] 张庆伟. 人员密集场所消防监督检查要点 [J]. 消防界（电子版），2020，6 (18)：65 - 66.

[3] 张平峰. 人员密集场所风险分级方法研究 [D]. 北京：中国地质大学，2016.

[4] 刘德怀. 学校安全的探究与策略 [J]. 科学咨询（科技 · 管理），2020 (11)：162.

[5] 杨廷钟. 公路工程风险管理系统 [J]. 华东公路，1992 (4)：73 - 77.

[6] 郭君，黄崇福，艾福利. 与月份及预警有关的广东省台风动态风险研究 [J]. 系统工程理论与实践，2015，35 (6)：1604 - 1616.

[7] 李佳，金博伟，王静虹. 基于 MassMotion 仿真的养老院疏散研究 [J]. 江苏建筑，2019 (S1)：155 - 158.

[8] 张鹰. 科技馆合理观众人数的计算方法 [J]. 科协论坛 (下半月)，2012 (11)：110 - 112.

[9] 陶然. 建筑结构设计可靠度影响因素与比较分析 [J]. 中华建设，2020 (11)：78 - 79.

第七章

数字劳动风险治理

数据作为生产要素的第五要素，是产生数字劳动的基础。数字劳动以数据信息、数字技术和互联网为支撑，囊括工业、农业、经济、知识、信息等领域，是消耗人们时间的数据化、网络化形式的物质劳动。在数字生产要素的背景下，网约车司机等新业态群体正式成为数字劳动的先行者，科学的认识是数字劳动风险治理的关键。

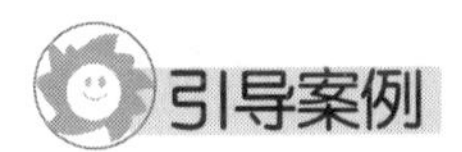

“数字生活”需警惕多重风险

移动支付、网络约车、线上办事……“数字生活”已在不知不觉中成为主流生活方式。但与此同时，网络安全问题也逐步显现，支付安全、网络安全、个人信息安全等每时每刻都在经历着考验。相关专家建议需警惕“数字生活”带来的多重风险。

国家互联网信息办公室印发的《数字中国建设发展进程报告（2019 年）》提到，2019 年我国数字经济增加值规模达到 35.8 万亿元，占国内生产总值（GDP）比重达到 36.2%，对 GDP 增长的贡献率为 67.7%。奇安信集团天津技术总监崔宗福介绍，二维码是数字经济的一个重要元素，人们在扫描二维码时需警惕“恶意二维码”。

崔宗福说，扫描“恶意二维码”会泄露个人信息，同时会威胁用户的财产安全，一些不法分子还将木马病毒程序植入二维码中，用户扫描后入侵用户的后台程序。针对这一问题，崔宗福建议广大用户要适当收起自己的好奇心。

“一是不要随意扫描来历不明的二维码，二是在支付时要反复确认收款人身份，三是可通过下载安全软件规避不良信息入侵电子产品的后台程序。”崔宗福说：“‘恶意二维码’就像一个鱼钩，静静地躺在那里等待‘鱼儿’上来。最好的防范措施就是提高自己的安全意识。”

与“恶意二维码”一样的“钓鱼陷阱”还有钓鱼短信。深信服科技股份有限公司天津区产品专家井雨晴介绍说，一些不法分子通过盗取用户的网购信息对物流进行跟踪，在快递到达时向用户发送短信，以快递状态异常为由诱导用户添加微信并提供个人相关信息，威胁用户的财产安全。

除了提高安全防护意识，给自己的个人信息“上保险”也必不可少。绿盟科技集团股份有限公司天津技术总监曹靖杰介绍，“该有密码的不设密码，设了密码也很容易被破解”是目前大部分电子账户存在的问题。

“很多人都会给手机设置开机密码，但很少有人会给 SIM 卡设置使用密码。”曹靖杰说，丢失手机后，不法分子可以通过 SIM 卡获取用户的手机号码，在一些防护较弱的 App 上通过手机验证码获取用户的账号密码。“如果这些 App 上绑定了支付信息，用户的财产安全就会受到威胁。”

目前很多用户在设置密码时喜欢“一组密码走天下”，崔宗福认为这是非常危险的行为。“不法分子在破解密码时一般会进行四种方式的尝试：一是暴力破解，即用一定的频率随机输入密码；二是在前期获取部分用户信息的基础上尝试目标用户的生日等信息进行破解；三是使用‘123456’等弱密码尝试破解；四是用已经破解的用户密码在其他账户上进行‘撞库’。一组密码走天下就会使得用户的个人信息存在更大的泄露风险。”

对此他建议，在设置密码时要尽量使用字母、数字和特殊符号组合而成的“强密码”。尽量不要使用自己的生日、姓名作为账户密码。

资料来源：http://finance. china. com. cn/roll/20200917/5372988. shtml

【案例思考】

(1) 在互联网时代，数字生活给人们带来便利的同时，还带来了哪些风险？

(2) 数字经济中数字劳动如何定义？其中的安全问题主要来自哪些方面？

(3) 数字劳动和数字安全的本质区别是什么？

第一节　数字劳动风险的提出与背景

一、数据生产要素的提出

1. 什么是数据

什么是数据？数据（Data）是指对客观事件进行记录并可以鉴别的符号，是对客观事物的性质、状态以及相互关系等进行记载的物理符号或这些物理符号的组合①。数据是事实或观察的结果，是对客观事物的逻辑归纳，是用于表示客观事物的未经加工的原始素材。数据是可识别的、抽象的符号。它不仅指狭义上的数字，还可以是具有一定意义的文字、字母、数字符号的组合、图形、图像、视频、音频等，也是客观事

① 在计算机科学中，数据是指所有能输入计算机并被计算机程序处理的符号的介质的总称，主要是用于输入电子计算机进行处理，具有一定意义的数字、字母、符号和模拟量等的通称。在计算机系统中，数据以二进制信息单元 0、1 的形式表示。

物的属性、数量、位置及其相互关系的抽象表示。例如，“0、1、2…”“阴、雨、下降、气温”“学生的档案记录、货物的运输情况”等都是数据。数据经过加工后就成为信息。

什么是信息？信息是数据经过加工处理后得到的另一种形式的数据，这种数据在某种程度上影响接收者的行为。信息具有客观性、主观性和有用性。数据和信息的关系：信息是数据的含义，数据是信息的载体。

2. 数据生产要素

在经济学中，生产要素又称为生产输入，是人们用来生产商品和劳务所必备的基本资源，主要包括土地、劳动、资本、企业家才能和数据。生产要素促进生产，但不会成为产品和劳务的一部分，也不会因生产过程而发生显著变化①。

党的十九届四中全会指出，要“健全劳动、资本、土地、知识、技术、管理、数据等生产要素由市场评价贡献、按贡献决定报酬的机制”。将数据作为生产要素有重大的理论和制度价值，这是首次将数据作为生产要素提出，充分体现了我国的制度自信和理论自信②。2020 年 4 月 9 日中共中央、国务院发布的《关于构建更加完善的要素市场化配置体制机制的意见》明确指出，要加快培育数据要素市场，推进政府数据开放共享，提升社会数据资源价值，加强数据资源整合和安全保护。当今，在数字文明背景下，数据的采集、利用、储存、交易等一系列的行为正发生变化，新的客体、新的主体正在产生形成有价值的数据。同时，随着数据的聚合，又会产生一系列其他的问题，其核心在于机器收集数据方面。这时不再强调所有权，而在于谁能够将这些数据进行共享和整合，每个主体都有权利通过各种手段对数据进行整合、收集、加工，从而形成一个自有的数据集合。因此，数据的共享、整合成为大势所趋。在此背景下，对数据进行收集、加工之后应该承认其新的数据权，区别于传统的财产权、知识产权以及其他权利，并且数据之间如何进行交易等，都是问题所在；另外，需要通过权利确认，既保证数据交易的开放，又能够在数据加密之后确保数据安全，所以必须要强调以数据共享为前提的数据隐私保护是相关法律体系构建的核心。未来，依靠法律的同时还需要技术本身的强大，通过技术手段把法律的规则与原则嵌入，这样才能够更好地实现数据共享。

数据作为一个生产要素，是数字经济时代最根本的命题，其复杂性远远超过工业革命时代的石油、煤矿，甚至资本，要实现数据的大生产就需要大量数据的集合。当前，所面临和亟待解决的是如何以更高效率、更低成本、更佳的组织方式、更好的利益分配来解决数据的集中。然而，数据的特殊性决定了数据本身更为复杂，数据权属的不确定性也是数据争夺纠纷愈演愈烈的主要原因，数据财产化的呼声日益高涨，亟须完善数据作为生产要素的利益分享机制。

---

① 闫德利．数据何以成为新的生产要素[EB/OL]．(2020-05-13)[2024-10-01]．https://www.tisi.org/?P=14408 der &for=pc.

② 杨东．完善数据作为生产要素的利益分享机制［N］．学习时报，2020-05-01（003）．

二、数字劳动的本质和形式

（一）数字劳动的概念界定——非物质劳动与物质劳动之论

国外学者对“数字劳动”概念的理论建构各不相同，也没有形成统一的定义。依据对数字劳动的属性划分，国内外学者对数字劳动概念的界定主要有两种观点：

1. 数字劳动是非物质劳动的当代形式

该观点认为数字劳动是区别于物质劳动的文化、知识、信息生产和消费的“非物质劳动”。维基百科对“数字劳动”词条的解释为，数字劳动（Digital Labour）概念是从意大利自治主义的马克思主义的理论传统以及后福特主义理论发展而来，重点是探索和解释自动化、信息化产业中高水平的认知和文化劳动，它根植于高技术的全球化生产系统和知识经济。安托尼奥·卡西里认为数字劳动是指社交平台、互联网和移动终端使用者们的日常网络信息活动。有些学者认为数字劳动是指知识文化的消费被转化为额外的生产性活动，这些活动在被劳动者欣然接纳的同时却被剥削，这就将数字劳动纳入资本主义社会中免费劳动这一更广泛的概念中。泰拉诺瓦等学者根据免费劳动和非物质劳动思想给数字劳动下了初步的定义，主张用非物质劳动概念来解读数字劳动，指出数字劳动是免费劳动的一种表现形式，但她所理解的数字劳动主要指向互联网上的在线劳动，属于非物质劳动的范畴。特雷博·肖尔茨认为数字劳动既是游乐场又是工厂的互联网上的劳动，除传统的工资劳动外还有无规律的自由免费劳动，是个体消耗在社交网络上的创造性工作。可见，这种观点主要基于劳动客体和劳动产品的非物质性，把数字劳动描述为由用户网上行为活动所实现的非物质劳动。

2. 数字劳动本质上还是物质劳动

该观点认为数字劳动涵盖了数字媒介生产、流通与使用所牵涉的脑力与体力劳动的多种形式。即使是在互联网领域，脑力劳动仍是基于人类肉体的物质性大脑活动，并未离开自然与物质，所以数字劳动归根到底也是物质劳动。福克斯和马里索尔·桑多瓦尔（Marisol Sandoval）认为各种形式的用于数字媒体生产、流通和使用的脑力劳动与体力劳动，即“数字媒体技术和内容的生产中资本积累所需要的所有劳动都属于数字劳动”，这是更广泛意义上的数字劳动。福克斯的数字劳动是生产性劳动，包括硬件生产、内容生产和软件生产者的劳动和生产性使用者的劳动，其范畴不仅包括数字内容生产，还包括数字生产的所有模式，是农业、工业和信息劳动等劳动形式共同形成的全球生产网络，这个生产体系确保数字媒体的存在和发展。福克斯的数字劳动是异化的数字工作，通过阐释马克思的劳动概念，指出资本主义社会中的数字劳动是以人类的四重异化为基础的数字工作，是劳动主体、劳动对象、劳动工具和劳动产品的异化。相对于第一种观点，周延云、闫秀荣认为“社交媒体产消合一只是数字劳动的一种形式，它是网络化的、连接到其他网络的数字劳动形式，一起构成了能够使数字媒体生存的全球生态剥削”。因此，这种观点对数字劳动的界定有如下特点：以数据信息、数字技术和互联网为支撑，囊括工业、农业、经济、知识、信息等领域，是消耗人们时间的数据化、网络化形式的物质劳动。这种观点实际上否定了非物质劳动与物质劳动对立存在对于研究数字劳动的必要性，认为非物质劳动仍可归属于马克思的物质劳动范畴。但在具体讨论数字劳动的概念和涵盖范围时，这种广泛意义上而非专业的概念认识容易将数字劳动与其他劳动形态统而视之，不便于深入研究数字劳动作为非物质劳动形式时的特殊性。

综上分析，两种观点对数字劳动概念的界定存在属性上的差别，但都认为数字劳动是生产性劳动，即数字劳动是非物质性或物质性的生产劳动，能够生产商品和剩余价值，存在资本对数字劳动的剥削，两种观点对数字劳动的定义也就存在狭义和广义之分。第一种观点对数字劳动的定义是狭义或专业定义，主要针对数字媒体中用户的数字劳动；第二种观点是广义的概念界定，数字媒体生产、流通和使用中资本积累所需的劳动都被囊括进来，包含第一种观点对数字劳动的定义。由于学者对数字劳动属性、定义的界定不同，其适用范围、具体表现形式也相应有所不同。

（二）基于不同属性划分的数字劳动的具体形式

1. 数字劳动的非物质劳动属性划分类别

根据数字劳动是非物质劳动的观点，数字劳动的具体表现形式主要包括互联网专业劳动、无酬劳动、受众劳动和玩劳动。

互联网专业劳动通常是指由拥有一定技术知识的人员所进行的与技术性相关的工作，如程序编程、应用软件开发，以及非技术性人员所进行的管理与日常工作，如后台管理员、网站客服。在宏观层面，夏冰倩对中国互联网行业专业工人的劳动条件进行了分析，梁萌分析了互联网中知识工人边界定位、阶级分析理论传统、互联网劳动者特点等。在具体表现方面，曹晋则考察了网络编辑等知识劳工的弹性雇佣关系、工作收入和工作时间。无酬数字劳动与有偿专业劳动相区别，也与其他形式的无酬劳动（家务、家庭手工作坊）不同，为数字媒介公司生产利润却得不到报酬的在线用户劳动，比如社交媒体脸书、推特、微博等平台上的用户内容生产。布莱恩·布朗（Brian Brown）提出了无酬数字劳动定义的理论化的细微差异，研究了数字资本主义中无酬劳动的主要特征。受众劳动是基于传播和媒体视角而得出的无酬劳动的一种特殊形式。布莱斯·尼克松（Brice Nixon）认为受众劳动是无酬劳动的特殊形式，他追溯了作为政治经济理论基础的受众劳动概念的发展历程，探讨了受众劳动过程的政治经济学和数字时代的劳动剥削。与个人信息发布、网页创建、资料上传等反映用户生产性与主体性劳动形式相区别，受众劳动以用户的消费性为特点，是用户在互联网上阅读、浏览与收听时所进行的消费活动，这些消费行为同时被资本积累所觊觎，是媒介生产中的一部分。针对网上用户的产消者特点，福克斯认为互联网时代的受众不仅仅是被动的观看者，更是内容的生产者，商业资本基于劳工所受强迫性、异化、产消者双重商品化的三种方式剥削“数字劳工”。对于数字时代受众劳动对资本积累的贡献，虽然受众劳动在数字经济中处于核心地位，数字经济越来越依赖个人信息的商品化，但学术界并没有对作为一种特定数字劳动的受众劳动给予足够重视。玩劳动主要是指用户为了获取乐趣在网络上进行的一系列娱乐性质活动，如闲聊、网络游戏和影视观赏，这些活动同时也为媒介公司生产了更多的资源和数据。阿威德·伦德（Arwid Lund）考察了劳动和游戏之间的关系，并通过建构游戏、工作、赌博和劳动概念的分类学，提出对玩劳动的理解和批判。

除了上述四分法，李仙娥将受众劳动与玩劳动归为一种，认为受众劳动和玩劳动同属于无酬劳动且有重叠部分。黄再胜认为"数字劳动是通过网络化数字化技术加以协调的一种非物质劳动形态"，他将数字劳动分为社交媒体平台无酬劳动、网络平台的微劳动和网约平台的线上劳动三种主要形态。虽然不同学者对数字劳动具体形式的划分有所差异，但都是指数字技术、互联网领域中创造剩余价值的非物质劳动形式，可以大体划分为网上的有酬劳动和无酬劳动两种形式。

2. 数字劳动的物质劳动属性划分类别

根据数字劳动本质上属于物质劳动的观点对数字劳动具体形式进行讨论。福克斯对数字劳动采取广泛意义上的概念，他在分析数字劳动具体形式时关注的是和数字媒体相关的劳动形式。福克斯将数字劳动纳入价值链的全球剥削领域中，跨国信息资本主义条件下的国际数字劳动分工要求在全球范围内全时段控制和剥削劳动，以实现利润的最大化。福克斯的数字劳动不仅表现在数字媒体领域，全球 ICT（Information Communication Technology，信息通信技术）产业资本积累的实现建立在大量工业、农业生产领域的劳动剥削之上，因此他对数字劳动形式的划分是从更为广泛的意义上理解的。福克斯分析了 ICT 行业全球价值链上所涉及的各种形式的数字劳动：包括非洲矿工奴隶般的劳动，中国富士康工人的劳动，印度软件业中的劳动，硅谷硬件装配工的劳动，谷歌工程师的贵族式劳动，呼叫中心泰罗制、主妇式的服务性劳动，社交媒体产消者用户的劳动等，认为所有被剥削的劳动形式相互依存。

福克斯对数字劳动表现形式的研究涵盖了工业、服务业、信息等领域中的各种相关劳动形式，而将互联网专业劳动、无酬劳动、受众劳动、玩劳动等劳动形式作为数字劳动在互联网中的具体化形态。因为他将"价值链"概念作为运用马克思生产方式理论分析各种不同形式数字劳动的逻辑前提，这一范畴就将不同领域内各种不同形式的数字劳动连接在一起。

（三）数字劳动的研究历程

"数字劳动"的研究历程：从"受众商品"到"数字劳动"。"数字劳动"一词最早由意大利那不勒斯大学学者蒂齐亚纳·泰拉诺瓦（Tiziana Terranova）在《免费劳动：为数字经济生产文化》一文中提出①。文章通过研究数字经济中互联网上的"免费劳动"对"数字劳动"进行了初步探索，但有关数字劳动的研究要追溯到传播学视角的"受众商品论"②。

1. 传播政治经济学视角下的"数字劳动"相关研究

数字经济时代有关免费劳动、非物质劳动的很多研究借鉴了传播学的理论，而受

---

① TERRANNOVA T. Free labour：producing culture for the digital economy[J]. Social Text,2000(2):33 - 38.

② 孔令全，黄再胜. 国内外数字劳动研究——一个基于马克思主义劳动价值论视角的文献综述［J］. 广东行政学院学报，2017，29（5）：73 - 80.

众商品论则是数字劳动研究的重要来源。1977 年，加拿大传播政治经济学家达拉斯·斯麦兹（Dallas Smythe）发表《传播：西方马克思主义的盲点》一文，运用马克思的劳动价值理论具体阐释了大众传播过程中的受众商品论，提出观看电视的活动，即“受众”促进媒介商业资本积累的劳动过程，媒介只制造一种商品即受众，所有媒介都是在集合、打包，并把受众出售给广告商。这就将传播学的受众商品论与马克思主义理论的劳动研究结合了起来。

数字技术时代，传播政治经济学领域有关“数字劳动”的研究成果较多，主要聚焦于媒介内容、受众和劳动的商品化，传播时空的变化以及阶级、社会运动、霸权等社会结构和人类机构的实践过程。关于受众和劳动的商品化，传播政治经济学家文森特·莫斯可（Vincent Mosco）和凯瑟琳·麦克切尔（Catherine Mckercher）通过案例研究分析了传播从业者劳动的商品化和媒介产业商业化过程；吴鼎铭、石义彬从传播政治经济学的批判视角重新解读了互联网“大数据”背后所隐藏的对网民劳动的商品化和剥削，并以公民记者的新闻生产和传播行为为例分析了“新闻众包”的劳动过程和数字资本拓展与积累的本质。关于传播场域、劳工和社会结构的变化，莫斯可考察了学者对信息劳工的诠释及其产生的社会性质和历史背景。邱林川从 17 世纪奴隶制的视角分析了富士康劳工问题和数字资本主义，探讨了废奴运动和网络劳工抵抗的实践意义和可能性，他还研究了在残酷、充满剥削与排斥的信息时代中国新工人阶级形成的雏形，并寻找网络社会中新工人阶级的新媒体行动路径。

2. 马克思主义理论的回归：从“受众商品”到“数字劳动”的批判延伸

进入互联网时代，特别是 2008 年金融危机后，西方学界运用马克思主义理论阐释和发展受众商品理论，研究视角从传播学的“受众商品”转到了“数字劳动”的马克思主义理论批判。

2009 年 10 月，加拿大西安大略大学举办了题为“数字劳动者：工人、作者、农民”的学术会议，其学术成果发表在英文学术期刊《呼游》2010 年第 10 卷上，阐释了数字资本主义的历史和理论，如劳动价值论、后福特主义理论、生命价值理论等，并聚焦更为具体的数字劳动问题，如无酬劳动、创造性劳动、劳动场所变化和构成等。2014 年 11 月，纽约新学校大学举行主题为“数字劳动：血汗工厂、罢工纠察线、路障”的会议，会议从劳动者主体身份视角讨论了数字劳动者团结的新形式和可能性。同年，英国开源学术期刊《传播、资本主义和批判》发表论文集《全世界哲学家团结起来，理论化数字劳动和虚拟工作》，讨论了数字劳动的定义、具体维度和表现形式，尝试建构数字劳动、虚拟工作和相关概念的批判性分析理论框架。2015 年，德国柏林举办“数字化世界中的劳动”大会，会议讨论了未来劳动、就业形式以及如何更好地认识和把握数字劳动带来的机遇。

除了会议研究成果，特雷博·肖尔茨（Trebor Scholz）于 2012 年发表论文集《数字劳动：作为操场和工厂的互联网》，批判研究了马克思理论对于分析劳动力市场从物质世界到互联网世界数字工作场所的重要性，考察了数字经济中职业、剥削和劳动的新形式。2014 年，英国威斯敏斯特大学教授克里斯蒂安·福克斯（Christian Fuchs）的专著《数字劳动和卡尔·马克思》运用马克思劳动价值论、意识形态理论等，较为完整地呈现了西方马克思主义数字劳动批判理论。

从数字劳动的定义、表现形式、研究维度到马克思主义唯物史观、剩余价值论研究范式的理论批判研究，西方学者形成了对马克思主义数字劳动批判理论的系统化认识。近年来，国内学者也开始关注数字劳动研究，2016 年国内学者周延云、闫秀荣的著作《数字劳动和卡尔·马克思——数字化时代国外马克思劳动价值论研究》和燕连福、谢芳芳的文章《简述国外学者的数字劳动研究》《福克斯数字劳动概念探析》都对国外数字劳动的研究现状进行了译介。

三、数字劳动过程与本质特征

（一）数字逆向劳动过程

牛津大学社会人类学教授、马克思·普朗克人类学研究所所长项飙在主旨发言《平台经济中的“逆向劳动过程”》中提出“逆向劳动过程”这一概念，以点明平台经济与传统产业的一个本质区别：传统产业中资本面临的问题是把购买的“劳动力”转化为实际“劳动”；而在平台经济中，劳动者直接出卖劳动本身，资本面临的挑战则是维持劳动的稳定性供给。项飙进一步用人类学的概念“关联性”去解释平台经济的主要动力来源，以关联性为核心的平台经济具有很强的实验性与反思能力，或许可为平台研究的未来提供启示。例如，创意劳动者是近年来平台催生出的重要职业群体。中国社科院新闻与传播研究所助理研究员牛天则用“数字灵工”来指代依托互联网平台进行文化内容创作、提供线上文化服务的青年群体。

进入 21 世纪以来，在大数据和人工智能等技术的影响下，我们从工业时代的“制造经济”跨向了信息时代的“数字经济”，而随之一同出现的还有新型劳动方式——数字劳动。劳动作为人的存在方式无疑具有深刻的本体论意义，因此我们需要加深对数字劳动的理解和认识。《平台经济中的“逆向劳动过程”》一文通过数字劳动与传统“物质性劳动”的比较分析，认为数字劳动不仅契合马克思的劳动概念，而且出现了一系列新的特征，并且正是这些新特征使其成为人在按需分配社会里的主要劳动方式。

（二）数字劳动特征

数字劳动与传统的物质劳动相比，具有以下特征：数字劳动不存在雇佣关系；数字劳动不受厂房等建筑的约束，生产空间从物理空间跨越到了虚拟空间；数字劳动的过程更具娱乐性、情感性和交流性，人的认知、情感和创造力更容易被激发出来；数字劳动能够给予个人以个性、自由、独立和自我控制的感觉。

只有通过对数字劳动的具体过程和实际产出进行深入剖析，我们才能区分出数字劳动基于新的劳动手段和对象的历史性特征。

（1）数字劳动是一种共享劳动。当社会生活的大部分领域都经历了数字化之后，人们的主要劳动就会逐渐转变为数字劳动。互联网最重要的社会特性就是开放共享，人人都可以分享其中的信息，因此数字劳动从一开始便是处在一定社会关系中的人的集体活动，单个人孤立的数字劳动是没有任何社会意义的。数字劳动者为网络上的信息共享提供源源不断的资源，数字劳动与互联网所提供的共享手段形成叠加和增强之势。数字劳动是在信息共享的过程中形成和展开的，共享度越高，数字劳动产生的社会价值就越大。数字劳动的过程不仅是互联网用户自我表达和沟通交流的过程，还是其深入参与社会的经济和文化事务的过程。而这两个过程均发生在集传播、社交和社区于一身的虚拟空间中，并且都要求数字劳动者自身能够兼容多种交流方式。而且因为互联网的覆盖面能触及社会的每一个角落，所以数字劳动者能够在参与性日益提高的文化环境中打破信息在共享过程中存在的等级制的二元对立。除此之外，作为数字劳动产物的数据，更是拥有在分享与馈赠之中超越利润逻辑的潜力。首先，数据的使用具有非竞争性，一个人对某些数据信息的消费并不排除他人对该信息的再次消费。其次，数据的价值在于共享，共享的范围越大，产生的联系越多维，数据的价值就越大。最后，由互联网用户作为生产者所创造的数据内容最终也会被作为消费者的互联网用户群体所享用。简言之，数量庞大的互联网用户既是数据产品制作的主要群体，也是数据产品消费的主要群体。总而言之，数字劳动是一种在共享中增值的活动。

（2）数字劳动是一种情感劳动。由于人在现实生活中丰满的个人形象被虚拟世界中的由一串符号组成的 ID 所替代，因此，树立鲜活的数字形象需要依靠数字劳动者之间的相互交往和对话。如同人类在物质劳动的过程中会产生语言一样，数字劳动也会产生某些反映现存社会关系的数据，这两者都有利于增进人与人之间的情感。在虚拟世界的全新关系之中，互联网用户可以按照自己的兴趣爱好组建或者加入不同的虚拟社团，分享并表达自己的意见和看法，从而寻求更加紧密的交往关系。再加上网络世界是对现实世界的反映，数字劳动者就必须主动去接触新鲜事物才能不断丰富个人的数字身份。互联网用户要想赢得朋友关注、拓宽交往范围，就必须时常维护自己的数字身份和社交网络。编织毛衣是一种劳动，建立一个社交主页同样也是一种劳动，毛衣能够满足人的取暖需求，社交主页可以满足人的社交需求，二者都通过耗费人的体力和智力生产出对人有价值的产品。

（3）生产和消费、劳动和休闲的界限变得模糊。与资产阶级经济学家将消费看成生产之外的独立环节不同，马克思认为生产与消费之间是既对立又统一的辩证关系。虽然生产和消费是同一个过程的不同阶段，但生产与消费具有直接的同一性：生产是消费，消费是生产。一方面，生产是对生产资料的消费，生产创造出消费的对象、消费的方式和消费的动力；另一方面，消费又制约着生产，消费使生产出来的产品得以最终完成。物质劳动中，生产和消费的同一性是在相互制约、相互转化中体现出来的，作为生产过程和消费过程本身还是具有相对分明的界限。数字劳动中，生产和消费的同一性是在同一个过程和同一种活动所具有的二重性中体现出来的，区别两者的界限几乎不再存在，生产与消费被更加紧密地融于一个有机过程之中。当用户在消费互联网内容时，也在生产着“数字痕迹”。换言之，新数据的产出深深依赖于对旧数据的消费，所以用户的消费过程不仅是消费数据更是生产数据的过程。

生产和消费界限的日益模糊同时意味着劳动和休闲边界的不断消融。对于传统的物质劳动来说，劳动和休闲是两个截然不同的环节。传统劳动的过程往往发生在工作日期间的机器厂房内，休闲则是独立于生产劳动之外的再生产劳动力的过程，二者是在不同的时空维度中进行的。但数字劳动借助 ICT 的发展突破了时间和空间的束缚，使其自身存在于赛博空间中。总而言之，数字化改变了劳动的范式，而劳动范式的变化不仅使劳动产品虚拟化，更突破了劳动和休闲的严格区分，使劳动和休闲的关系从非此即彼变为“亦此亦彼”。如果说工业时代的物质劳动是利用大厂房里的精密机床生产出物质产品的活动，那么信息时代的数字劳动就是随时随地通过 ICT 设备生产思想符号的活动，这种转变背后的实质是物质生产维度向精神生产维度的升级。

数字劳动的出现有其自身的历史逻辑。在大工业生产及其更早的历史阶段，信息资源的重要性远远比不上物质资源。物质产品获得的艰难使人的绝大部分时间和精力都消耗在体力劳动之上，这时物质劳动在生产劳动中占据主导地位，所以我们容易对劳动产生这样一种狭隘的认知：劳动是劳动者为获得生活资料而在特定的时间、特定的场所进行的有偿活动。随着社会的发展，人类生产和制造物质财富的能力不断提高，物质生产领域所需的人力相对减少，人的闲暇时间逐渐增多，此时社会需求开始发生转变，人们对信息资源的渴求急剧增长，信息资源变得越来越重要。在这种历史背景下，互联网用户在寻求信息资源这一活动中无疑也蕴藏着劳动。劳动作为人的存在方式，其具体形式会随着时代的进步而被不断重塑，因此，我们应当从具体的劳动形式中抽象出一般的劳动内容，并从时代变迁的视角去理解劳动的理论内核，否则就会囿于物质劳动的狭隘框架之中而无法解释劳动的新变化，也无法正确把握数字时代下人的生存方式的新变化。

（三）数字劳动与物质劳动之间的关系

马克思认为劳动者、劳动对象和劳动资料构成了劳动的全过程，任何劳动成果的产出都离不开这三个要素的相互作用。从物质劳动的过程来看，劳动者是指具有生产活动能力的人，劳动对象主要是矿产、土地和水等自然资源，劳动资料是指劳动者作用于劳动对象的一切物质条件，其中最重要的是劳动工具。相比之下，数字劳动过程的三要素则出现了一系列新的变化。

首先，劳动者变成了有机会和有能力操作 ICT 设备的人，尤其是还成为在网络世界中创造和享用内容的互联网用户。与传统的物质劳动者相比，数字劳动者并不需要很强的专业性知识，只需具备最基本的电脑操作和网络浏览知识。

其次，在 ICT 所建构的虚拟世界里，劳动对象从消耗性的自然资源转变为非消耗性的生命体验与情感认知。如果说物质劳动是劳动者通过改造自然从而使自然物质发生变化的活动，那么数字劳动就是数字劳动者直接对自身情感体验进行认知加工的过程。数字劳动者也会像物质劳动者那样把自己的意志、目的和力量凝结在劳动对象上。

最后，由于劳动工具可以被定义为劳动者用于加工劳动对象从而令其满足特定需要的综合体，因此，从用户通过以互联网社交平台为代表的各大数字平台对自身经历进行加工这一事实前提出发，我们可以将数字平台也认定为一种劳动工具。就像锄头是农业劳动的工具、流水线是工业劳动的工具一样，数字平台是数字劳动的工具。但值得注意的是，数字劳动的产出有了质的突破。第一，由数字劳动者在网络上自由表达而生成的内容——包括文字、图片和语音等在内的数据——是最基本的劳动产品。数据产品不同于物质产品，其归根到底是“0”和“1”的二进制运算的呈现，具有抽象性。第二，相比于流水线上标准化、批量化和齐一化的工业劳动产品，含有个人信息的数字劳动产品抛弃了“千人一面”的无差别性，具有了独一无二的个性。在ICT的推进下，数字劳动过程各要素和劳动结果的数字基因都在急剧增多。

此外，马克思把一切劳动的本质都概括为人的体力和脑力的耗费。世界上不存在任何体力和脑力相分离的劳动形式。

首先，物质劳动和数字劳动都离不开劳动者肢体和器官的运动，无论是拧螺丝还是操作ICT设备。

其次，对于物质劳动而言，劳动者在劳动开始之前，总是要制订计划并选择合适的劳动工具和劳动对象；在劳动的过程中，往往需要分析实际情况，调整生产进度；在劳动结束后，还会总结经验教训。脑力活动贯穿了劳动的全过程，是劳动各环节得以顺利衔接的关键保证。

最后，就数字劳动而言，劳动本身就被深深嵌入情感共鸣和沟通交流的智力维度中。无论是在互联网上发送邮件、浏览网页还是互动评论，这些沉浸式的活动无一不消耗了数字劳动者的注意力这一智力要素，而且用户在网络空间中的生产实际上就是将储存在大脑中的情感观念、知识经历等内容以虚拟的形式再生产出来，这是他们生命体验的对象化。总而言之，无论是从劳动过程的要素来看，还是从劳动对人的体力和脑力耗费的本质来看，作为人类实践历史产物的数字劳动都符合马克思主义经济学中的劳动概念，这也表明了马克思主义理论在数字时代依旧具有很强的生命力和阐释力。

数字劳动与物质劳动之间的关系还可从以下几个方面来进一步分析：

首先，物质劳动是数字劳动的前提和基础。数字劳动不能脱离广泛的物质条件而独立进行，没有先前的技术积累就没有后来的技术飞跃，数字劳动所依赖的有线连接和无线连接等基础设施都建立在物质劳动的基础之上。数字劳动作为一种耗费人的体力和脑力的生命活动需要靠消费物质劳动的产品来维持，数字劳动的劳动对象——情感知识、生命体验——无一不来自物质世界的社会实践。

其次，数字劳动对物质劳动具有反作用。休闲放松的数字劳动过程能为物质劳动再生产出劳动力，数字劳动及其产品会对物质劳动的各要素产生变革性影响，能够推动劳动生产效率的提高。

最后，数字劳动与物质劳动具有内在一致性，二者统一于信息的创造。由于数字劳动的过程发生在网络空间，故其只能创造出一系列的数据和信息，并不能创造任何物质。而从物质不灭定律出发，我们知道人类的物质劳动也不能创造出任何物质，其创造出来的仅仅是含有劳动主体目的信息的实物产品，从根本上说，物质劳动只是人类复制、创造特定物的结构信息以及人所设计的目的信息在实物产品中实现的过程，简言之，即人类改变和建构物的结构信息的信息生产过程。

第二节　数字劳动下网约车司机职业风险

一、网约车司机面临的职业风险

近年来，网约车市场的兴起以势不可挡的姿态改变着传统打车服务的市场格局。这种以信息网络为基础、智能手机为载体的网约车服务已经成为国内外大众出行的重要交通方式。在国内滴滴打车、曹操出行、T3 出行等打车软件应运而生，Grab 主导着东南亚的叫车应用程序市场。在国际上以 Airbnb、Uber 等为代表的共享经济迅速崛起，极大地影响了城市居民的交通出行。2016 年网约车市场合法化，2017 年进入快速发展期，2019 年政策趋严，进入规范调整期。2010 年 5 月"易到用车"在北京成立并进入大众视野，这是全球最早的网约车平台之一；2015 年 1 月网约车获得交通部的认可，同年 10 月滴滴出行获得了中国第一个网上汽车预定许可证；2016 年 7 月 27 日，《网络预约出租汽车经营服务管理暂行办法》由交通运输部等 7 个相关部门联合发布，自 2016 年 11 月 1 日起开始实施，从此中国成为世界上第一个将网约车合法化的国家。

这种新型的打车服务其实是司乘对接方式的变革。它的流程从"司乘沟通、协商一致、(接) 送乘客"转变为"司乘匹配—接送乘客"。线上平台的出现彻底简化了司乘对接前的方式，提供技术支撑使双方能够直接匹配，减少对接前时间与路程的耗费。艾媒数据中心数据显示，2015—2019 年网约车用户规模逐年上涨。可以看出，这种通过网络构建信息平台，实现线上信息互通、线下司乘对接的便捷打车模式正在慢慢步入正轨并蓬勃发展。

随着网约车行业的蓬勃发展，网约车司机这一特殊群体数量越来越多，遍布各个城市。自 2016 年网约车服务正式被纳入合法行业的范畴，网约车司机数量激增，传统出租车为了适应新形势和改革，也转身投入到网约车事业中。因此，研究网约车司机风险具有现实意义。本节根据网约车服务线上获客、线下送客的特性，从两者的对接与融合的角度来探究各类因素对网约车司机职业风险的影响。网约车司机职业风险主要表现在以下几方面：

(一) 新兴的线上平台风险

1. 劳动关系风险

网约车劳动关系的认定可根据运营形式分为三种，平台主导型全职驾驶员、平台主导型兼职驾驶员、平台居间型驾驶员。纪府辰（2019）认为只要是基于平台主导型，无论车辆是平台自营还是驾驶员自有，驾驶员与平台间建立的都是劳动法关系上的劳动关系。也就是说网约车司机与平台之间存在劳动关系风险。本节主要探究劳动关系风险中合同与薪酬两个方面给网约车司机带来的影响。徐来（2021）认为包括滴滴在内的各大网约车平台之所以备受质疑，很大程度上是因为平台方依靠优势地位，强势

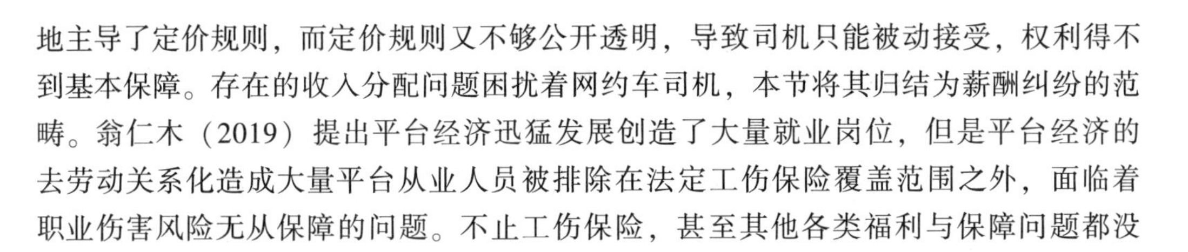

地主导了定价规则，而定价规则又不够公开透明，导致司机只能被动接受，权利得不到基本保障。存在的收入分配问题困扰着网约车司机，本节将其归结为薪酬纠纷的范畴。翁仁木（2019）提出平台经济迅猛发展创造了大量就业岗位，但是平台经济的去劳动关系化造成大量平台从业人员被排除在法定工伤保险覆盖范围之外，面临着职业伤害风险无从保障的问题。不止工伤保险，甚至其他各类福利与保障问题都没有切实得到解决，合同上未明确标识带来的纠纷，也是网约车司机职业风险的重要组成部分。

2. 平台环境风险

司机通过平台来进行接单、收款等操作，因此平台环境给网约车营造的线上运营氛围给司机带来的风险是在进行风险评估时不可忽略的一个指标。网约车司机在接单时定位不准，平台导入的地图位置偏差以及信号差的现象频频发生，这给司机与乘客线下碰面造成了困难。而导致这些现象发生的主要原因是网络信号的不良状态和平台运行故障。本节通过这两个影响因子，来研究平台环境对网约车司机所带来的职业风险。

3. 外界信息风险

线上的外界信息风险主要源于网络舆情以及乘客评价。平台的恶意评论、发布谣言的舆情，或者某些事件对网约车平台带来的恶劣影响使舆论风向对网约车平台不利的情况等都属于网络舆论带来的信息风险。另外，乘客在平台上给网约车司机评分，如果评分过低可能会影响司机接单优先顺序以及接单成功率等。这两个因素是外界信息风险的主要来源。

4. 平台管理风险

平台管理相对于传统的“四方协议”管理的约束力更低。传统管理方式主要依赖线下管理，而网约车的出现则建立了平台与网约车司机之间的新型约束模式。即平台制定相应服务标准，司机同意遵循其标准方可借助平台实现与乘客的线下接触。在运营过程中，司机随意取消订单等行为会被平台处罚，相应的处罚措施规范着网约车司机的不良行为。如滴滴司机每天有三次有责取消的机会，从第四次开始进行有责取消会影响完成率，还会扣除相关费用。司机原因取消率大于5%都有可能受罚。（成交后取消率＝抢单后取消数/抢单成功数、司机原因取消率＝司机原因取消量/抢单成功量）。滴滴采用了“末位淘汰制”，即每个考核周期结束后列出排名，评级和业绩最差的后5%～10%司机将遭到淘汰。服务分对于司机来说非常重要，它是平台管理的首要标准。平台会在同一范围内，选择分数高的司机来派单。服务分过低会被平台处罚，影响接单派单等操作。因此，服务标准和处罚措施对于网约车司机职业风险有着重要的影响。

（二）传统的线下运营风险

1. 人员风险

在一次完整的网约车线下运营流程中，人员对象为司机和乘客双方。其中，无论是司机自身还是乘客的因素，都有可能在网约车运营过程中带来风险。司机资质、心理状态、工作时长都会影响开车操作时的状态。开车不熟练、带着紧张焦虑的情绪行车、疲劳驾驶等行为都可能造成严重的后果。来自乘客的风险即司乘矛盾，也在生活中屡见不鲜。本节以司机资质、心理状态、工作时长和司乘矛盾作为构成人员风险的三级主要指标。

2. 车辆风险

田静静等（2019）认为车辆性能导致车辆风险。贾文峥等（2019）认为车辆风险与车辆检维修有关，如车辆是否定期维修检验、车辆故障维修人员的经验等。种种研究都表明，车辆风险在驾驶过程中会给网约车司机带来极大的风险。

在实际运营中，网约车的类型各不相同。以滴滴出行为例，乘客在平台上可供选择的网约车分为豪华车、六座商务等多种不同类型的车辆，其价格也与普通车辆有所不同。这些车辆的性能、使用时间、检维修状况截然不同。这些指标带来的车辆的不安全状态会给网约车司机带来风险。因此，本节从车辆类型、车辆性能、使用时间和检查维修状况等四个方面进行探究。

3. 环境风险

来自外界环境风险的形式是多种多样的。天气、路况、地理环境、政治局势、经济状况或突发事件等都可能对网约车司机带来影响。柳本民、陈彦旭、管星宇（2020）认为车辆实际运营环境风险与公路冰雪天气有关，在冰雪天道路行驶环境复杂，导致司机对车辆的控制能力降低，易形成由于操作失误、刹车失灵和错误判断等因素引起的交通事故。段然、孙欣、李玲、周欢（2019）基于环境风险评价指标体系研究认为车辆行驶的环境风险与道路状况、天气情况、车辆运营公司状况等多个因素有关。本节将各类环境因素分类，以自然环境、社会环境、驾驶环境三种指标探究其对网约车职业风险的影响。

4. 管理风险

线下管理风险主要来自两个方面，即规章制度和政府监管。2016 年网约车服务合法化，各类针对网约车的规章制度纷纷出台。任其亮（2019）认为监管部门与经营者的监督管理是网约车服务质量的基础和保障。王宇（2021）认为网约车行政监管中政府监管角色的定位影响着整个行业监管理念和监管模式的选择，对行业发展至关重要。因此，网约车运营服务的规范化离不开规章制度和政府监管。

2021 年 7 月 4 日，滴滴出行 App 因存在严重违法违规、收集个人信息问题被国家互联网信息办公室通知下架。依据《中华人民共和国网络安全法》相关规定，通知应用商店下架滴滴出行 App，要求滴滴出行科技有限公司严格按照法律要求，参照国家有关标准，认真整改存在的问题，切实保障广大用户个人信息安全。滴滴出行 App 的下架给公司带来巨大的损失，也给滴滴司机带来了极大的风险。这就是由于平台行为不当而受到政府监管给网约车司机带来风险的典型例子。

二、网约车司机平台企业发展现状与趋势

（一）基本概念界定

（1）网约车。2016 年我国交通运输部发布的《网络预约出租汽车经营服务管理暂行办法》中，网约车被定义为“以互联网技术为依托构建服务平台，整合供需信息，使用符合条件的车辆和驾驶员，提供非巡游的预约出租汽车服务”。

（2）职业风险。依据黄素琴（2019）对职业风险的概念描述，本节认为网约车司机的职业风险，是指在网约车运营过程中伴随而来的，可能对网约车司机群体的生存与发展带来负面影响的行为和环境等不利因素的总和。

（二）网约车司机职业风险研究现状与趋势

张宏安（2019）的网约车现状研究中表明，网约车发文量近年来呈不断增长的趋势。在 2015 年之前，国内各地交通局和管理部门均以非法有偿汽车租赁运营等理由存在的合法性和管理问题等导致网约车相关研究发文量几乎为零；直至 2015 年交通运输部开始探讨、论证网约车的合理性和可行性时，2016 年网约车合法化，网约车研究才有了正式的进展。

在中国知网数据库中，以网约车司机为主题的研究发文量在 2015—2019 年持续增长，反映出国内网约车司机群体研究热度的增加，随着网约车行业的成熟发展，各种相关研究应运而生。但在 2020 年至今发文量开始有下降的趋势。我国对网约车司机群体的研究力度不够，需要将关注点置于这个特殊又大量存在的群体中，以做好管控措施，降低其职业风险。

由于网约车是新兴行业，学者更多地将目光放在网约车运营、管理制度、事故法律责任认定等课题上。网约车司机职业风险的相关研究还处于初步阶段，相关研究较少。因此，研究网约车司机职业风险具有现实指导意义。不管是从行业规模还是从覆盖范围来看，近年来网约车行业都呈现出井喷式发展的趋势，服务范围由单点城市发展到纵横交错的城市网络，在交通网络中网约车已经是不容忽视的一大组成部分了。孙慧、孙道静（2021）对网约车司机的群体特征与职业困境进行了研究。曹文轩（2020）对杭州网约车司机群体进行了职业现状的观察。很多学者都在关注这个群体，但还是需要更多的人来研究，这是一个非常值得探究的课题。

在 EBSCO 外文数据库中，以网约车司机为主题的相关文献仅有四篇，其中三篇均以中国为研究背景。通过其他外文数据库的搜索发现，国外对网约车司机职业风险的研究较少。因此，对网约车司机职业风险进行研究具有重大意义。

（三）网约车平台企业发展状况

1. 网约车平台类型

线上平台的运营主要以软件为载体进行，网约车平台分为单一型、聚合型两种。单一型网约车平台是以独立的服务功能出现在大众视野，只提供打车服务的打车平台，这类软件数量居多。滴滴出行、T3 出行、花小猪打车等软件都是单一型网约车平台。

聚合型网约车平台是打车功能与其他功能联合出现的非独立的网约车平台，它的客户端并不只拘泥于出行服务，反而更偏向于综合性服务。比如地图导航软件——高德地图、百度地图等，它们不仅提供导航服务，也为需要打车的受众提供网约车服务，微信、支付宝等集支付、生活、娱乐等服务为一体的软件也可以通过小程序端提供打车服务。这样的聚合型平台一般是这类综合型软件与单一型网约车平台合作对接推出的互利合作、以求共赢的模式，可以更加吸引受众，也能解决众多网约车平台获客能力弱的劣势。聚合平台削弱了单一型网约车平台的垄断地位，使网约车平台类型多样化。

有一种运营主体比较特殊的平台——汽车产商网约车平台，它是由开展网约车业务的汽车厂商经营的网约车平台。这种类型的平台只接入本汽车厂商品牌的网约车，如吉利的曹操出行、T3 出行、长安出行，这类平台有的属于单一型网约车平台，直接面对乘客服务，有的通过聚合平台获客。如“首汽约车”这一约租车平台就在聚合平台刚出现时加入其中，顺应行业发展以增加用户，并取得了不错的成绩。

2. 线上平台运营商提供模式

近年来，为了加快网约车行业的发展速度，网约车平台提供商发展了多种形态的运营模式。其运营模式是指根据从事网约车业务的车辆与驾驶员的不同来源，对网约车类型进行的划分。目前，从事网约车业务的车辆有五种来源：私家车、驾驶员自租车辆、网约车平台自购车辆、网约车平台自租车辆、出租汽车公司车辆。而网约车驾驶员也分为五种：私家车主、自租车辆驾驶员、网约车平台雇佣驾驶员、劳务派遣驾驶员以及出租汽车公司驾驶员。根据以上来源，网约车平台提供商的运营模式可划分为以下几种：

（1）C2C 运营模式。

C2C 运营模式，又称为社会车辆加盟模式，这是滴滴出行网约车平台的主要运营模式，可以细分为三种形式，即“私家车 + 私家车主”“驾驶员自租车辆 + 自租车辆驾驶员”以及“以租代购”。虽然三种形式所涉及的主体不同，但是这些形式下的网约车平台均为轻资产经营，即平台本身不拥有提供网约车服务所需的人员及车辆，而仅提供互联网平台服务。

（2）B2C 运营模式。

网约车的 B2C 运营模式产生在 C2C 运营模式之后，该模式下，网约车平台自己提供运营车辆、组织驾驶人员，属于重资产经营模式。B2C 模式通过统一的人员与车辆配置打造出了统一的服务标准，为乘客带来了有保证的出行体验。

B2C 运营模式根据车辆的来源不同，可分为网约车平台自购车辆与网约车平台自租车辆，统称为自营车辆。驾驶员则分为网约车平台雇佣驾驶员与第三方劳务派遣驾驶员。曹操专车名下的运营车辆直接来源于其背后的吉利汽车，其运营车辆依靠平台自购，而神州专车名下的网约车均为租赁车辆，绝大部分来源于与其建立长期合作关系的神州租车。两种模式下的驾驶员均由平台或平台委托的第三方劳务派遣机构统一招募、培训和管理。

(3) 非巡游出租车运营模式。

非巡游出租车运营模式，又称为“出租汽车公司车辆 + 出租汽车公司驾驶员”模式。顾名思义，此种网约车模式中的运营车辆与驾驶人员均来自已有的线下出租车公司。该模式本质上属于传统出租车模式在网约车领域的拓展。网约车出现以前，路边巡游揽客的传统出租车一直处于行业垄断地位。但随后网约车行业兴起，其创造性不可避免地会扰乱原有社会资源的配置。

这三种网约车运营模式由线上运营商提供，如图 7 - 1 所示。

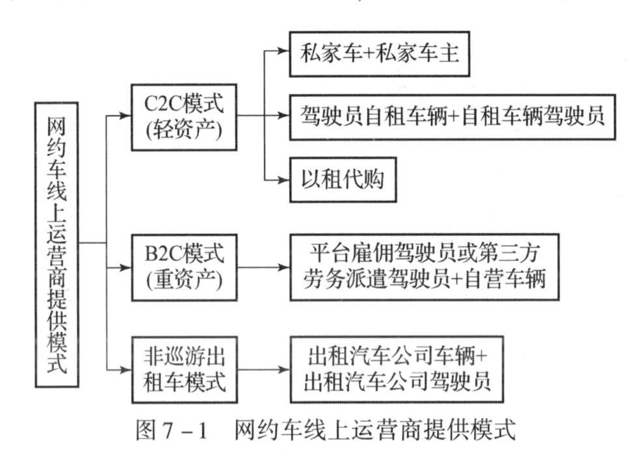

图 7 - 1 网约车线上运营商提供模式

3. 司乘对接流程

网约车线下运营对接主体为网约车司机和乘客双方。加入网约车司机群体在进行网约车服务之前，必须实名注册并通过线上平台的司机资质审核才能成为网约车司机。司机资质审核是对申请人是否具有相应驾龄的驾驶资格，是否有符合运营标准的车辆与平台招募司机标准对照进行的信息核验。司机端的注册登录需要在司机端和后台管理两端保存数据，申请时需要上传身份证照片、驾驶证照片、车辆与本人合照等基本信息。网约车司机自愿选择线上平台运营商提供的不同模式，如自己带车加盟、租车或购车加盟等借助线上平台接单，线下获客。

如图 7 - 2 所示，网约车司机在接单前登录平台进入司机端，可调整车辆服务类型。在服务范围内，系统会根据平台管理后台的大数据算法以及距离等指标的优先顺序给司机派单，将乘客呼叫车辆的信息显示在司机端。网约车司机自己可决定是否接单或拒绝接单。一旦司机选择确认，即需抵达相应地点与乘客对接。

乘客乘车时，在打车软件上注册登录以后，可选择乘车类型。与此同时，平台通过 GPS（全球定位系统）与 GIS（地理信息系统）锁定乘客位置。确认乘车类型后，由乘客搜索确认目的地，系统自动生成路线图。接下来由乘客进行车型与时间点的选择，最后确认呼叫，司机端将会确认接单。

线上订单生成后，网约车服务关系正式确立。根据线上平台的地图显示，司乘双方的位置都由 GPS 系统实时定位显示在司机端和乘客端，司机驾驶车辆到达乘客指定地点，乘客可根据平台上显示的司机信息（如车牌号、车辆颜色等）辨认该车，司机到达地点后会与乘客联系，完成对接。

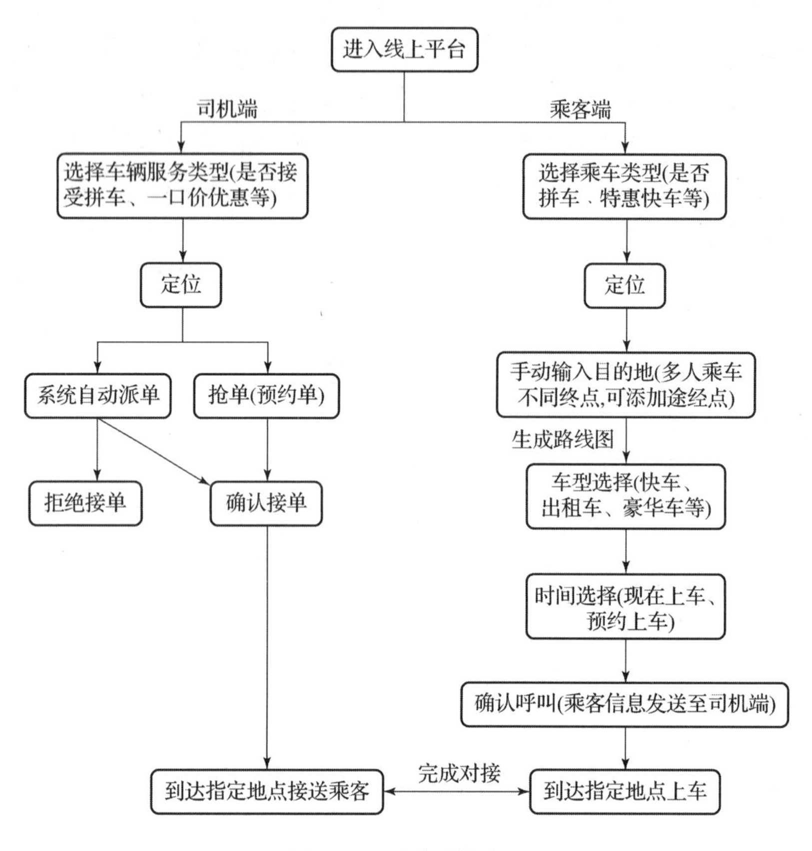

图 7-2　司乘对接流程

三、网约车司机职业风险评估结果分析

（一）构建原则

评估网约车线上线下一体化运营模式的风险必须拥有明确的量化指标，网约车风险因子的影响权重分析的关键部分是指标体系的建立，其关系到结果的可信度。因此，构建完善的网约车线上线下一体化风险评估指标体系应重点考虑并遵循以下四个原则：

（1）科学性原则。网约车线上线下一体化风险评估指标体系的构建应遵循科学性原则，基于可靠的研究结论和科学的分类方法确定网约车运营中的风险类型和影响因子。

（2）独立性原则。网约车线上线下一体化风险评估指标体系的指标与指标之间应相互补充、相互协调，充分考虑指标之间的相关性，避免指标之间的重复与冲突，实现指标体系的最优化。

（3）系统性原则。网约车线上线下一体化风险评估指标体系的构建应该遵循系统性原则。系统性即要拥有全局意识、整体观念，把风险影响因素当作网约车风险大系统中的子系统，综合解释各个子系统和各个要素的相互影响。因此，必须把资源环境视为一个系统问题，并基于多因素来进行综合评估。另外，各个指标的确定要基于完整的逻辑体系，一方面是网约车线下运营中与传统运营模式相同的人、车、环、管四种类型的风险，另一方面是线上平台存在的风险指标，由近年来发生的网约车事故案件类型和承担主体确定，进而形成完整的指标体系。

（4）定性与定量相结合的原则。网约车线上线下一体化风险评估指标体系应该遵循定性与定量相结合的原则。构建的指标体系既能定性分析网约车的风险机理，又能够采用定量的分析方法计算重要度，为提出有针对性的控制方案提供依据。

（二）网约车线上线下一体化风险评估指标体系

（1）建立网约车司机职业风险评估指标体系。

依据风险评估指标体系的构建原则和网约车风险产生的原因，结合理论分析和实际调查，构建网约车线上线下一体化风险评估指标体系，其中包括 2 个一级指标、8 个二级指标和 21 个三级指标。

其中，一级指标分为线上平台风险和线下运营风险（分别用 A、B 表示）。线上平台风险的二级指标包括劳动关系风险（A_1）、平台环境风险（A_2）、外界信息风险（A_3）和平台管理风险（A_4）；线下运营风险的二级指标包括人员风险（B_1）、车辆风险（B_2）、环境风险（B_3）和管理风险（B_4）。

（2）建立网约车线上线下一体化风险评估指标体系层次结构表。

依据网约车风险来源，建立以网约车安全风险机理研究为目的的层次结构表，如表 7-1 所示。

表 7-1　网约车线上线下一体化风险评估指标体系

一级指标	二级指标	三级指标
线上平台 A	劳动关系风险 A_1	薪酬纠纷 A_{11}
		合同纠纷 A_{12}
	平台环境风险 A_2	网络信号状态 A_{21}
		平台运行故障 A_{22}
	外界信息风险 A_3	网络舆情 A_{31}
		乘客评价 A_{32}
	平台管理风险 A_4	处罚措施 A_{41}
		服务标准 A_{42}
线下运营 B	人员风险 B_1	司机资质 B_{11}
		心理状态 B_{12}
		工作时长 B_{13}
		司乘矛盾 B_{14}

续表

一级指标	二级指标	三级指标
线下运营 B	车辆风险 B_2	车辆类型 B_{21}
		车辆性能 B_{22}
		使用时间 B_{23}
		检查维修状况 B_{24}
	环境风险 B_3	自然环境 B_{31}
		社会环境 B_{32}
		驾驶环境 B_{33}
	管理风险 B_4	规章制度 B_{41}
		政府管理 B_{42}

（三）线上线下风险指标权重计算

采用制作专家打分表并邀请相关领域专家进行打分的方式，将线上线下两个维度和构建的二级、三级指标作为问卷依据进行同级指标间的两两比较。进行专家打分的目的主要有以下两个：

第一，探索各类影响因子对网约车司机所带来的风险危害程度，以使计算结果科学、真实，具有参考和研究意义。以专家打分的结果作为网约车司机职业风险来源严重程度的依据，以便采用 AHP 方法，使结果更具权威性。

第二，可根据打分结果验证网约车司机职业风险指标体系的合理性。提出的对策建议更有针对性和现实指导意义。使其能够应用在实际生活中，切实降低网约车司机职业风险。

根据收集的专家打分表进行数据处理，根据网约车司机职业风险评估指标体系相对于上一层次目标构造判断矩阵，将同一层次的指标两两比较来确立判断矩阵。基于层次分析法计算得出网约车司机职业风险线上线下风险指标体系权重表。

（1）相对于上层目标“网约车司机职业风险”，线上平台风险 A、线下运营风险 B 构造判断矩阵，如表 7－2 所示。

表 7－2 构建判断矩阵 A 和 B

$A \rightarrow B$	A	B	$W(A/B)$
A	1	1/3	0.25
B	3	1	0.75

最大特征值 $\lambda_{max}=2.000$，一致性比例为 0，符合一致性检验。

（2）相对于上层目标“线上”，劳动关系风险 A_1、平台环境风险 A_2、外界信息风险 A_3、平台管理风险 A_4 构造判断矩阵，如表 7－3 所示。

表 7－3　构建判断矩阵 A 和 A_i

$A \rightarrow A_i$	A_1	A_2	A_3	A_4	$W(A/A_i)$
A_1	1	4	4	3	0.502 8
A_2	1/4	1	2	1/3	0.123 6
A_3	1/4	1/2	1	1/5	0.080 7
A_4	1/3	3	5	1	0.293 0

最大特征值 $\lambda_{max}=4.1877$，一致性比例为 0.070 3，符合一致性检验。

（3）相对于上层目标“线下”，人员风险 B_1、车辆风险 B_2、环境风险 B_3、管理风险 B_4，构造判断矩阵，如表 7－4 所示。

表 7－4　判断矩阵 B 和 B_i

$B \rightarrow B_i$	B_1	B_2	B_3	B_4	$W(B/B_i)$
B_1	1	5	3	7	0.575 5
B_2	1/5	1	2	3	0.198 9
B_3	1/3	1/2	1	3	0.161 1
B_4	1/7	1/3	1/3	1	0.064 5

最大特征值 $\lambda_{max}=4.1670$，一致性比例为 0.062 6，符合一致性检验。

（4）相对于上层目标“劳动关系风险 A_1”，薪酬纠纷 A_{11}，合同纠纷 A_{12} 构造判断矩阵，如表 7－5 所示。

表 7－5　判断矩阵 A_1 和 A_{1i}

$A_1 \rightarrow A_{1i}$	A_{11}	A_{12}	$W(A_1/A_{1i})$
A_{11}	1	3	0.75
A_{12}	1/3	1	0.25

最大特征值 $\lambda_{max}=2.000$，一致性比例为 0.000，符合一致性检验。

（5）相对于上层目标“平台环境风险 A_2”，网络信号状态 A_{21}、平台运行故障 A_{22} 构造判断矩阵，如表 7－6 所示。

表 7－6　判断矩阵 A_1 和 A_{1i}

$A_2 \rightarrow A_{2i}$	A_{21}	A_{22}	$W(A_2/A_{2i})$
A_{21}	1	4	0.8
A_{22}	1/4	1	0.2

最大特征值 $\lambda_{max}=2.000$，一致性比例为 0.000，符合一致性检验。

（6）相对于上层目标“外界信息风险 A_3”，网络舆情 A_{31}、乘客评价 A_{32} 构造判断矩阵，如表 7－7 所示。

表 7－7　判断矩阵 A_3 和 A_{3i}

$A_3 \to A_{3i}$	A_{31}	A_{32}	$W(A_3/A_{3i})$
A_{31}	1	1/6	0.142 9
A_{32}	6	1	0.857 1

最大特征值 $\lambda_{max}=2.000$，一致性比例为0.000，符合一致性检验。

(7) 相对于上层目标"平台管理风险 A_4"，处罚措施 A_{41}、服务标准 A_{42} 构造判断矩阵，如表 7－8 所示。

表 7－8　判断矩阵 A_4 和 A_{4i}

$A_4 \to A_{4i}$	A_{41}	A_{42}	$W(A_4/A_{4i})$
A_{41}	1	4	0.800 0
A_{43}	1/4	1	0.200 0

最大特征值 $\lambda_{max}=2.000$，一致性比例为0.000，符合一致性检验。

(8) 相对于上层目标"人员风险 B_1"，司机资质 B_{11}、心理状态 B_{12}、工作时长 B_{13}、司乘矛盾 B_{14} 构造判断矩阵，如表 7－9 所示。

表 7－9　判断矩阵 B_1 和 B_{1i}

$B_1 \to B_{1i}$	B_{11}	B_{12}	B_{13}	B_{14}	$W(B/B_i)$
B_{11}	1	1/4	1/4	1/3	0.086 0
B_{12}	4	1	1/2	1/3	0.195 1
B_{13}	4	2	1	1/2	0.287 7
B_{14}	3	3	2	1	0.431 2

最大特征值 $\lambda_{max}=4.225\ 8$，一致性比例为0.084 6，符合一致性检验。

(9) 相对于上层目标"车辆风险 B_2"，车辆类型 B_{21}、车辆性能 B_{22}、使用时间 B_{23}、检维修状况 B_{24} 构造判断矩阵，如表 7－10 所示。

表 7－10　判断矩阵 B_2 和 B_{2i}

$B_2 \to B_{2i}$	B_{21}	B_{22}	B_{23}	B_{24}	$W(B/B_i)$
B_{21}	1	1/3	1/4	1/5	0.071 8
B_{22}	3	1	1/2	1/4	0.153 1
B_{23}	4	2	1	1/3	0.244 5
B_{24}	5	4	3	1	0.530 6

最大特征值 $\lambda_{max}=4.1189$，一致性比例为 0.044 5，符合一致性检验。

（10）相对于上层目标“环境风险 B_3”，自然环境 B_{31}、社会环境 B_{32}、驾驶环境 B_{33} 构造判断矩阵，如表 7－11 所示。

表 7－11　判断矩阵 B_3 和 B_{3i}

$B_3 \to B_{3i}$	B_{31}	B_{32}	B_{33}	$W(B/B_i)$
B_{31}	1	5	3	0.633 3
B_{32}	1/5	1	1/3	0.106 2
B_{33}	1/3	3	1	0.260 5

最大特征值 $\lambda_{max}=3.0387$，一致性比例为 0.037 2，符合一致性检验。

（11）相对于上层目标“管理风险 B_4”，规章制度 B_{41}、政府管理 B_{42} 构造判断矩阵，如表 7－12 所示。

表 7－12　判断矩阵 B_4 和 B_{4i}

$B_4 \to B_{4i}$	B_{41}	B_{42}	$W(A_2/A_{2i})$
B_{41}	1	3	0.75
B_{42}	1/3	1	0.25

最大特征值 $\lambda_{max}=2.000$，一致性比例为 0.000，符合一致性检验。

（四）线上线下一体化风险评估指标体系指标权重计算结果及分析

经计算，构造的判断矩阵均符合一致性检验，各指标权重值通过计算得出网约车线上线下一体化风险评估指标体系指标权重表，如表 7－13 所示。

表 7－13　网约车线上线下一体化风险评估指标体系指标权重表

一级指标	权重	二级指标	权重	三级指标	权重
线上平台 A	0.250 0	劳动关系风险 A_1	0.125 7	薪酬纠纷 A_{11}	0.094 3
				合同纠纷 A_{12}	0.031 4
		平台环境风险 A_2	0.030 9	网络信号状态 A_{21}	0.024 7
				平台运行故障 A_{22}	0.006 2
		外界信息风险 A_3	0.020 2	网络舆情 A_{31}	0.002 9
				乘客评价 A_{32}	0.017 3
		平台管理风险 A_4	0.073 3	处罚措施 A_{41}	0.058 6
				服务标准 A_{42}	0.014 7

续表

一级指标	权重	二级指标	权重	三级指标	权重
线下运营 B	0.750 0	人员风险 B_1	0.431 6	司机资质 B_{11}	0.036 5
				心理状态 B_{12}	0.084 2
				工作时长 B_{13}	0.124 2
				司乘矛盾 B_{14}	0.186 1
		车辆风险 B_2	0.149 2	车辆类型 B_{21}	0.010 7
				车辆性能 B_{22}	0.022 8
				使用时间 B_{23}	0.036 5
				检查维修状况 B_{24}	0.079 2
		环境风险 B_3	0.120 8	自然环境 B_{31}	0.076 5
				社会环境 B_{32}	0.012 8
				驾驶环境 B_{33}	0.031 5
		管理风险 B_4	0.048 4	规章制度 B_{41}	0.036 3
				政府管理 B_{42}	0.012 1

从线上平台风险和线下运营风险两个维度来看，网约车司机职业风险不仅来自线下运营，还来自线上平台。线上平台风险占25%，不容忽视，需要采取措施进行风险管控。而传统的线上平台风险仍对网约车司机起着关键影响。如图7－3所示，人员风险在雷达图中尤为突出，充分说明网约车司机职业风险最主要的原因是人员风险，这是因为在驾驶过程中人的行为不可控，情绪变化幅度也因人而异。当工作时间持续较长极其容易导致疲劳驾驶，这就增加了网约车司机出现事故的危险系数。司乘矛盾带来的语言冲突或肢体伤害直接影响着司机的心理或生理健康，因此在控制职业风险时，需要重点考虑如何降低人员风险。车辆风险、环境风险、劳动关系风险权重也较高。这表明，它们给司机带来的职业风险较高。车辆作为网约车运营过程中所使用的交通工具，车辆这一风险权重值较高可能是因为车辆性能较差、零部件损坏等造成的事故率较高，给网约车司机带来的经济上或身体上的损失和伤害，因此通过技术手段消除或降低隐患非常必要。环境风险与劳动关系风险也作为重要的风险因子，对司机职业风险起着潜在的影响。这可能是因为环境恶劣更易影响正常行驶，而劳动关系直接对网约车司机的职业生活带来法律责任和经济纠纷等消极事件。

图7－4显示，司乘矛盾在网约车司机职业风险各类影响因素中所占比重最高。另外，工作时长、心理状态、自然环境、检查维修情况以及薪酬纠纷权重较大，而平台运行故障、网络舆情、车辆类型权重较小。网约车司机职业风险来源广泛。其中，司乘矛盾是最容易对网约车司机产生身心健康危害的因素。连续的工作、极端的心理状

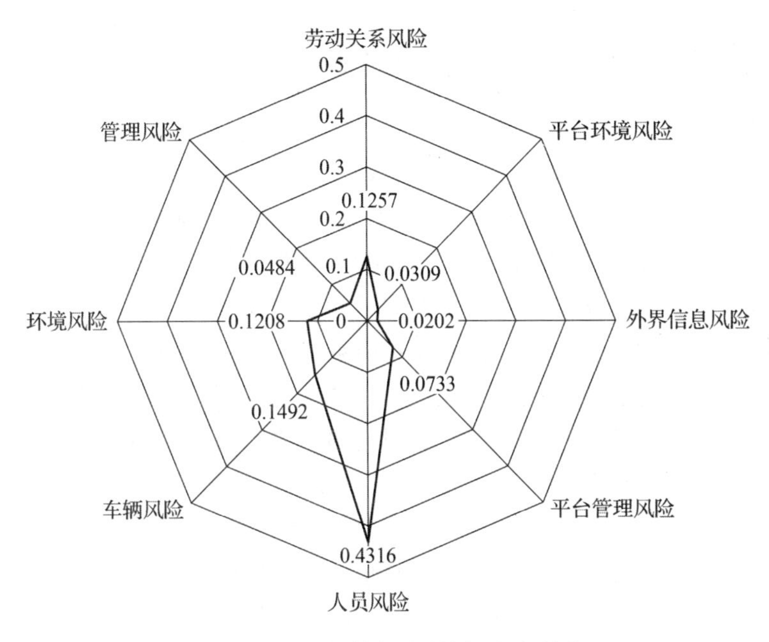

图 7－3　二级影响因子的权重雷达图

态、恶劣的自然环境、车辆的检维修情况和薪酬纠纷给网约车司机带来更大的风险。随着网络技术的发展和成熟，平台运行产生的故障概率较小，即使产生故障也能在短时间内修复。网络舆情更多的是影响乘客对网约车平台的选择而不是网约车司机，网约车运营稳固的地位导致少量的乘客流失，不会产生过大的影响。而车辆类型的权重最小，这是因为不同类型的车辆选择在于乘客，选择比例会稳定在某一数值，不会产生太大波动。

因此，规避风险的措施将主要针对权重较大的指标来提出并实施，以有效降低网约车司机职业风险。

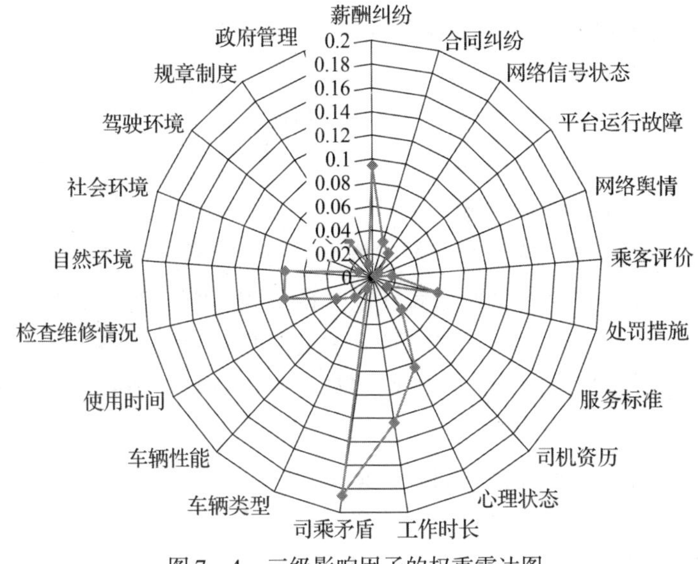

图 7－4　三级影响因子的权重雷达图

四、网约车司机职业风险控制对策

（一）线上平台风险控制措施

有结果表明，线上平台风险主要来自劳动关系和平台管理。而薪酬纠纷和处罚措施则需重点关注并采取风险控制措施。下面针对这些重点指标提出一些建议。

（1）线上平台应遵循公开透明、合理规范的原则，促进线上平台抽成规范化管理，为司机薪酬进行保障。乘客支付的费用流向平台的包含税费、成本费、盈利费等，平台应该将这些信息向司机公开，合理制定平台抽成与司机薪酬比例。为了刺激乘客约车出行而发放的优惠券，乘客因使用优惠券而减免的费用也应通过商定，考虑到网约车司机的合理诉求，而不是一味从网约车司机福利或工资保障中扣除。网约车合法运营至今已有八年，法律法规的制定亟待完善。政府可根据行业发展态势制定相应的规范和处罚措施，杜绝线上平台抽成乱象，促进线上平台抽成规范化管理。

（2）设立“平台信箱”，搭建网约车司机与平台的沟通桥梁。平台可设置“平台信箱”等模块，其功能为网约车司机对平台提出的建议并尽快得到平台回复。不同于现在设置的客服窗口，许多平台都将模式化的答复回馈给司机，实际问题得不到解决。“平台信箱”可以是独立于客服窗口的沟通桥梁，设置专门的官方人员在线处理，并在短时间内给予反馈，提高紧急事件的处理效率。

（3）线上平台制定处罚措施要有“人情味”，倾听网约车司机诉求。乘客在平台上给网约车司机差评对司机接单带来很大的影响，评分过低可能会影响司机的接单优先顺序以及接单成功率等。平台对差评尤为重视，其处罚措施使网约车司机苦不堪言。有的司机确实是由于一些不可控的天气、路况等因素导致的未在预期时间内送达乘客等而受到的差评，平台应该倾听网约车司机的诉求，而不是针对所有差评结果都对网约车司机一刀切，以限制接单、降低接单成功率、扣除薪酬等直接威胁网约车司机利益的处罚措施太过冰冷，平台应该慢慢地摸索、制定、完善处罚制度。

（4）致力于技术研究，对 App 进行升级，保障平稳的运行环境。平台需加大资金投入，维持平台平稳运行状态，降低故障概率，建立良好的网约车运营线上环境。通过技术研究对 App 进行升级，丰富其模块、内容和功能，给予网约车司机良好的线上体验。

（二）线下运营风险控制措施

（1）线下运营规范化，降低司乘冲突概率。司乘矛盾主要来源于言语冲突或利益争端，可多对网约车司机进行文明教育，以规范文明运营行为。如在平台上多推送与文明用语、文明礼仪相关的文章。线下运营的规范化是解决利益争端的利器，可制定相应规程完善内容，使线下收费、线下叫车等特殊情况都按流程进行，以免因利益而引起矛盾。

（2）限制网约车司机工作连续时长，避免疲劳驾驶。网约车司机为了得到更多的薪酬通常会选择继续接单，长时间连续的驾驶容易导致人体疲劳。接单、行驶路线往往需要眼睛注视手机，这加剧了司机的疲劳程度。各网约车平台应该重视这种情况，对连续工作时长超过 4 个小时的网约车司机进行限制，设置合理的休息时间。同时，在工作过程中对网约车司机工作时长进行语音或弹窗提示，提醒网约车司机注意休息，缓解长时间驾驶带来的疲劳。

（3）培养网约车司机安全意识，避免在心态极端的情况下载客。加强对网约车司机的培训，可定期进行线上安全教育，案例警示，普及安全驾驶重要性，提高网约车司机的安全意识。同时，建立健全安全驾驶制度，避免司机因在心态极端的状况下接单载客，影响驾驶操作从而酿成不良后果。

（4）加强对车辆的重视程度，遇到故障及时检查维修。车辆是网约车运营服务的工具，它的良好状态关乎着运营的顺利进行。由于网约车司机的综合素质良莠不齐，网约车平台应多对司机进行理论知识的灌输，网约车司机应主动了解车辆发生故障的前兆、车辆需要紧急维修的状况以及车辆部位的不良状态等知识，以应对车辆在行驶途中突发故障的情况；网约车司机应严格按照车辆检修的规定定期进行车检，在车辆发生故障时及时送检维修。

本章小结

数字劳动以数据信息、数字技术和互联网为支撑，囊括工业、农业、经济、知识、信息等领域，是消耗人们时间的数据化、网络化形式的物质劳动。数字劳动本质上还是物质劳动。本章系统分析了数字劳动下网约车司机的职业风险。

关键术语

数据　数字劳动　物质劳动　生产性劳动　职业风险　专业劳动　无酬劳动　受众劳动　玩劳动

思考题

1. 什么是数据？数据生产要素的基本内涵是什么？
2. 什么是数字劳动？数字劳动的本质和形式是什么？
3. 如何区分数字劳动与物质劳动之间的关系？
4. 相比物质劳动，数字劳动的新特征有哪些？
5. 如何以马克思主义劳动观解释数字劳动的内涵？

延伸阅读

［1］李珂．嬗变与审视：劳动教育的历史逻辑与现实重构［M］．北京：社会科学文献出版社，2019.

［2］［英］克理斯蒂安·福克斯．数字劳动与卡尔·马克思［M］．周延云，译．北京：人民出版社，2020.

［3］李琦，鲍鹏，刘强．劳动教育活动手册［M］．北京：电子工业出版社，2020.

［4］方艳丹，韦杰梅，卢民积．劳动教育实践活动设计［M］．北京：电子工业出版社，2020.

［5］任国友．新时代劳动教育的学科重构与大数据分析［M］．北京：科学出版社，2021.

［6］刘懿璇，何建平．从“数字劳工”到“情感劳动”：网络直播粉丝受众的劳动逻辑探究［J］．前沿，2021（03）：104－115.

参考文献

［1］威尔森．网约车市场的发展现状及展望［J］．汽车与配件，2020（8）：34－6.

［2］纪府辰．网约车平台与驾驶员劳动关系认定［J］．职工法律天地，2019（2）：135－137.

［3］徐来．网约车定价规则透明应是行业基本共识［N］．消费日报，2021－05－21（A03）.

［4］翁仁木．平台从业人员职业伤害保障制度研究［J］．中国劳动，2019（10）：78－90.

［5］韦雨晨．论滴滴出行的员工绩效考核制度［J］．中国市场，2018（15）：71－2，81.

［6］田静静，贺玉龙，曲桂娴，等．基于模糊集—证据理论—层次分析法的车辆运行风险评估［J］．科学技术与工程，2019，19（32）：357－363.

［7］贾文峥，王艳辉，苏宏明，等．基于风险网络的轨道交通车辆风险评价［J］．交通运输系统工程与信息，2019，19（4）：143－148.

［8］柳本民，陈彦旭，管星宇．高速公路冰雪湿滑路面车辆换道越线时间生存分析［J］．同济大学学报（自然科学版），2020，48（4）：517－525.

［9］段然，孙欣，李玲，等．道路运输环境风险评价研究——以重庆市某区县为例［J］．环境与发展，2019，31（8）：11－13，15.

［10］．任其亮，赵子玉．基于扎根理论的网络约车服务质量影响因素研究［J］．重庆交通大学学报（自然科学版）．2019，38（2）：94－101.

［11］王宇．网约车行政监管困境及对策探究［J］．经济师，2021（5）：49－51.

［12］网络预约出租汽车经营服务管理暂行办法［J］．中华人民共和国国务院公报，2016（31）：35－41.

［13］黄素琴．试析法律特殊群体职业风险及应对措施［J］．现代营销（信息

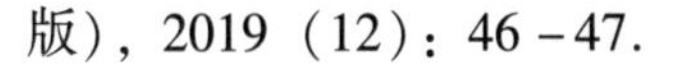
版)，2019（12）：46－47.

［14］张宏安. 国内网约车研究现状分析［J］. 全国流通经济，2019（12）：89－91.

［15］孙慧，赵道静. “网约车”司机的群体特征与职业困境［J］. 青少年研究与实践，2021，36（1）：10－15.

［16］曹文轩. 杭州网约车司机职业现状观察［D］. 杭州：浙江大学，2020.

［17］黄会. B2C 网约车企业商业模式变革探究——以首汽约车为例［J］. 中国市场，2020（32）：53－54.

［18］文越. 网约车平台提供商运营模式及其法律责任研究［D］. 南昌：山西大学，2019.

［19］傅惟钧. 网约车服务平台的设计与实现［D］. 北京：北京交通大学，2019.

第八章

劳动安全类案例研究实践

案例是人们认识问题和研究问题的工具。案例研究是一种常用的定性研究方法，其方法适合对现实中某一复杂和具体的问题进行深入和全面的考查。劳动安全类案例是一类典型案例，既需要对案例进行理论分析，又需要进行实地考察。

引导案例

如何正确进行案例研究

案例研究法是管理学中的一种研究方法，就是选择少数典型的案例进行分析，从而导出一个规则，而统计研究则是通过大量的数据来推导出规则。两种方法各有优势，一般人则认为统计研究法更可靠，因为数据直观、精确，但是所有统计并不能像数学一样那么绝对，现实中总有一些小概率的黑天鹅事件发生。案例分析法比统计数据研究更加贴近案例本身，更能发现一些可能被忽略的低概率因素，黑天鹅事件之所以出现，就是因为这个世界具备不确定性和随机性。掌握了案例分析的思维模式，就会从惊叹的“这怎么可能”转变为淡定的“哦，原来如此”。

应用案例分析法需要注意的五大要点：一是在分析中需要注意细微的变化，它们的积累可能会演变成根本性的变化。二是要敢于打破先入为主的惯性心理。三是要进行实地的现场调查，当面接触和感知调查对象。四是根据不断出现的新情况，随时验证并修复分析假设。五是进行多角度的观察，在研究对象不止一个时，从不同的角度出发考虑问题。

案例研究法的局限性。案例研究法通过不依赖量化分析的具体案例，提出洞见和假说，为直通真相进一步研究打开突破口。案例研究的过程充满趣味，因为在研究的过程中会不断挑战现有的思维定式，颠覆过往认知，让我们的思想更加自由，在人云亦云的世界中拥有独到而犀利的洞察力。但是案例分析法并不是万能的，也具有局限性。案例分析法的价值是在数据不完备的情况下先一步提出假说和洞见，也就是大胆假设，而这种假设会受到具体分析水平的影响，需要其他分析方法进行跟进，进一步论证。

资料来源：https://www.jianshu.com/p/74e20c1388ee

【案例思考】

（1）案例研究，就是找到一个案例简单论述而已吗？

（2）劳动安全类案例应该如何进行科学分析？

（3）案例编写与案例研究的本质区别是什么？

第一节　劳动安全类案例研究

一、案例及案例研究

1. 案例的定义

所谓案例（Case），就是对现实生活中某个事件的真实记录和客观叙述。案例具有三个基本属性：一是客观真实；二是有内在价值；三是有必要的情景描述。

2. 案例研究的定义

案例是认识问题和研究问题的工具。案例研究（Case Study）是一种常用的定性研究方法，这种方法适合对现实中某一复杂和具体的问题进行深入和全面的考查。案例研究专注于对单个研究对象进行具体而系统的研究，研究对象可以是个人、个别群体、个别组织或机构、个别事件或问题。

3. 案例研究的类型

（1）根据案例研究者的哲学基础，可以将案例研究划分为规范性案例研究和实证性案例研究。

规范性案例研究，规范性的哲学观点回答的是“应该是什么”的问题，存在明显的客观价值的判断。基于建立理论而进行的案例研究就属于规范性这一哲学基础。

实证性案例研究，实证性的哲学观点强调，只有通过观察或感觉获得的知识才是可以信赖的，“纯”实证性的哲学观点甚至不相信理论和推理在获得可靠知识上的有效性。基于检验理论而进行的案例研究就属于实证性这一哲学基础。

（2）根据案例研究的目的，可以将案例研究分为描述性、解释性、评价性和探索性案例研究。

描述性案例研究主要是对人、事件或情景的概况做出准确的描述，这种研究是阐述一个既有的理论或者扩大一个理论的解释范围。

解释性案例研究运用已有的理论假设来理解和解释现实中的管理实践问题。其目的在于对现象或研究的发现进行归纳，并最终得出结论。解释性案例研究适于对相关性或因果性的问题进行考察。

在评价性案例研究中，研究者对研究的案例提出自己的意见和看法。

探索性案例研究尝试寻找对事物的新洞察，或尝试用新的观点去评价现象，并通过提出假设作为后续研究的开端。

(3) 根据实际研究中运用案例数量的不同，可以将案例研究划分为单一案例研究和多案例研究。

单一案例研究主要用于证实或证伪已有理论假设的某一个方面的问题，它也可以用作分析一个独特的或极端的管理情境。

多案例研究的特点在于它包括了两个分析阶段——案例内分析和跨案例分析。前者是把每一个案例看成独立的整体进行全面的分析，后者是在前者的基础上对所有的案例进行统一的抽象和归纳，进而得出更精辟的描述和更有力的解释。单一案例通常能说明某方面的问题，但不适用于系统构建新的理论框架。多案例研究法能使案例研究更全面、更有说服力，能提高案例研究的有效性。

4. 案例研究的优势和局限

(1) 案例研究的优势。主要包括：一是案例研究的结果能被更多的读者接受，而不局限于学术研究圈，给读者以身临其境的现实感；二是案例研究为其他类似案例提供了易于理解的解释；三是案例研究有可能发现被传统的统计方法忽视的特殊现象；四是案例研究适合于个体研究者，而无须研究小组。

(2) 案例研究的局限。主要包括：一是案例研究结果不易归纳为普遍结论；二是难以避免技术上的局限和研究者的偏见。

5. 案例研究的适用条件

什么时候应该采用案例研究呢？当研究的问题是"怎么样"和"为什么"时，当研究者不能控制事件的发生或进程时，当研究的问题是现实社会背景下的当代现象时，案例研究就是一种合适的研究方法。具体来说，案例研究具有以下适用条件：

(1) 研究问题的性质。如果所研究的问题是一项理论空白，或者处于学科的幼稚期，已有的文献不能解释和回答所要研究的问题，需要从实践中总结、归纳出理论框架和概念模型，这时最佳的研究策略应该是一种定性的归纳方法，而不是从已有的理论假设出发进行演绎分析和推导。案例研究就是建立探索性的理论框架的一种有效途径。

(2) 问题的复杂性和动态性。很多研究问题具有复杂性和动态性的特点，因此需要系统地从整体上把握问题的本质和全貌，而这个任务往往是定量研究所不能承担的。如问卷调查法是预先将问题加以简单化和标准化，然后通过大样本的数理统计分析得出结果。问卷调查范围宽而深度和丰富性不够，很难深入分析复杂的、具有动态性的问题。而案例研究是对现实中某一复杂的和动态的现象进行深入和全面的实地考察，使研究者能够发现与实际相关的知识、构建有普遍解释能力的理论框架，从而能够更好地解决管理中的实际问题。

(3) 沟通的便利性。案例研究更有利于通过沟通获取丰富的信息。访谈是案例研究的第二种重要方法。深入实地的案例调研能够使研究者有机会对被访问者进行有关概念的解释和说明，并且在调研的过程中，信息的沟通是双向的，通过多次反馈达到充分的沟通，双方能够对讨论的问题的本质有共同的认识，从而保证了研究所获取数据的有效性。

（4）理论框架和数学模型的区别。理论框架和数学模型适用于不同类型的研究：理论框架模式适合变量复杂、关系复杂的研究，它易于找出变量之间的联系、变量之间的作用方向、变量变换的模式和影响结果及其输出的方式；而数学模型方式适用于有限复杂的问题，它将研究很多现象的鲜活的情景过滤掉了，它善于将复杂的问题简化为几个关键的变量。实践中的很多管理问题更加适合采用定性研究的方法，而不是定量研究的方法。案例研究就是一种重要的定性研究的工具，其目的是要产生理论框架，而不是数学模型。

二、案例研究过程及结果评价

案例研究需遵循一般科学的研究方法和程序。也就是说，在研究开始之前需要做研究设计，在研究工作开始以后则需遵循一定的步骤。一个完整的案例研究过程一般包括以下六个阶段，即案例研究设计、案例选择、案例资料收集、案例资料分析、编写案例和案例研究的有效性评价，如图 8－1 所示。

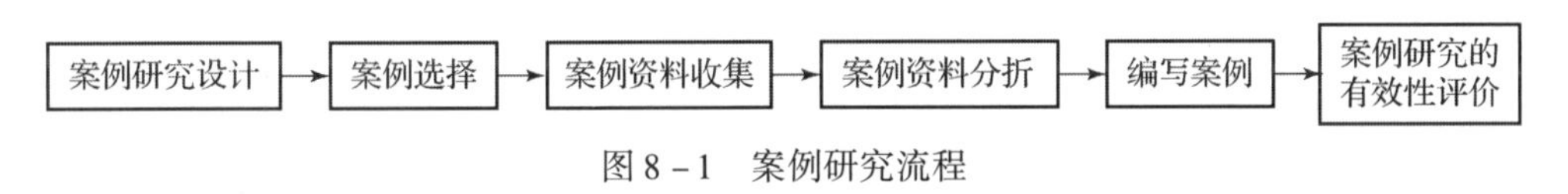

图 8－1　案例研究流程

1. 案例研究设计

案例研究设计为案例研究提供了一个指导性的框架，其主要包括以下内容：

（1）研究的问题是什么？研究要回答的问题反映了案例研究的目的，这些问题一般是“怎么样”或“为什么”等。案例研究中要回答：要研究什么、研究目的、什么已经知道和什么还不知道。通过对以前相关研究资料的审查，研究者可以提炼出更有意义和更具洞察力的问题。

（2）研究者的理论主张（或理论假设）是什么？研究者的理论主张是引导研究进行的线索。它可以来自现存的理论或假设。无论是建立新的理论还是对现存的理论进行检验，主张的提出都是必不可少的。研究主张并不能改变研究的目的，在某种程度上，研究主张，特别是提出与正面形成对比的反面主张，却有利于提高案例研究的有效性。

（3）分析单位是什么？分析单位可以是一个事件或一个实体，如一门课程、一个过程或一次机构改革。每一个研究单位都可能与各种政治、社会、历史和个人等问题有着千丝万缕的联系，这既为研究问题的设计提供了各种可能性，也为案例研究增加了复杂性。

（4）怎样把数据与理论主张（或理论假设）相联系？为了把数据与理论假设联系起来，在研究设计阶段时就必须对理论主张进行明确的表述。特别是在研究者反复阅读数据时，很有可能产生新的主张，这就需要根据新的主张重新分析数据。

（5）诠释数据的标准是什么？对数据的分析可以采用量化的解释性分析技术，也可以采用以定性为主的结构性分析和反射性分析技术。对于分析的结果，研究者可以针对研究的命题提出一个解释，来响应原来的理论命题。

2. 案例选择

案例选择是案例研究中一个重要而必不可少的步骤。案例选择的标准与研究的对象和研究要回答的问题有关，研究者在案例选择的过程中必须不断地问自己在哪里寻找案例才可以满足研究的目的和回答研究的问题，以便找到最适合的案例。案例选择应该满足目的性、针对性、研究性、创新性和适度性的原则。MPA 学员可以采用专长选题法和应时选题法。

3. 案例资料收集

案例资料是指与个案有关的原始素材、加工材料和各种信息。高质量案例编写的基础是获取准确、翔实、具有典型意义的案例资料。对案例资料进行分类是为了确定案例资料收集的方向、方法与重点，提高工作效率，也有利于案例资料的整理归类和甄别使用。

（1）资料收集的原则。主要包括：一是使用多种来源的数据；二是建立案例研究的数据库；三是用案例资料建立证据链。

（2）资料收集的方法。主要包括：文献法、访谈法、观察法和问卷调查法。

4. 案例资料分析

对案例资料的分析是案例研究中最重要、最困难的一个环节。案例资料分析包括检查、分类、筛选、制表或其他组合证据的方法，以响应一项研究中最初提出的理论主张如图 8 –2 所示。其分析程序如图 8 –2 所示。

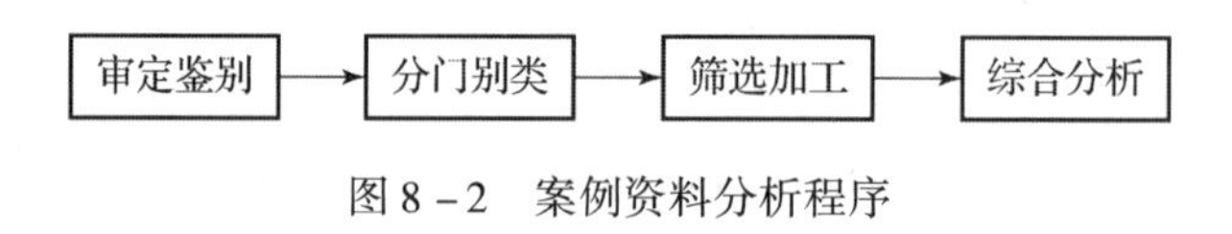

图 8 –2　案例资料分析程序

（1）审定鉴别。审定鉴别是为了进一步对案例资料，尤其是获取的第二手资料进行查对和分析，剔除那些虚假或无实用价值的资料，并对个别有实用意义但存有疑问的资料做进一步查证，以保证留用的案例资料真实、可靠、有价值。审定鉴别的方法包括：来源判断法、逻辑分析法、比较分析法、调查复核法。

（2）分门别类。分门别类是分析资料的基本要求和重要工作。从方便使用和案例编写的角度来讲，最常见和最实用的方法是按照资料描述的内容进行分类，即把案例资料分成情况介绍、观点阐述、评判质疑、处置结论和背景衬托等若干类别，将各种资料按照关联度进行整合归类。

（3）筛选加工。筛选加工就是围绕案例编写的主题对各种资料进行分析取舍，从中筛选提取出信度和效度高，符合主题要求的资料，并对一些叙述累赘的资料做出必要的加工处理，以满足案例编写的要求。对案例资料进行筛选加工，有着较高的理论性和技术性要求。筛选加工的方法：一是依据案例资料的可信度进行筛选，选用真实可靠的案例资料；二是依据案例的主题进行筛选，选用切题对路和说明性强的案例资料；三是依据案例内容进行筛选，选用具有关联性，且符合情节要求，能反映实际问题的案例资料；四是依据案例属性筛选，选用有助于揭示事物本质和规律，符合案例类型结构要求的案例资料。

（4）综合分析。综合分析既是最后的检查把关，也是研究问题、发现矛盾和揭示规律的过程。综合分析的方法：一是解释性分析。解释性分析是通过对数据的深入考察，找出其中的构造、主题和模式。二是结构性分析。结构性分析是通过对数据的考察，确认隐含在文件、事件或其他现象背后的模式。三是反射性分析。反射性分析是一种主观的分析方法，它依赖于研究者的直觉和判断对数据进行描述。常用的方法有类型匹配法和时间序列方法。

5. 编写案例

案例研究的成果最终要以文字的形式表现出来。案例研究的目的不仅是给一个案例、一个事件绘制肖像，而且更为重要的是得出分析性归纳结果或建立理论，从而做出深层次的理论分析。MPA 学位论文中的案例一般要分为案例描述和案例分析两个部分。前者是描述案例事实，可以按照时间发生的顺序来展开或者按照逻辑关系来组织，后者是对案例的理论分析和结论解释。描述事实和解释结论两者之间的平衡是案例式论文书写的关键。需要特别说明的是在写作过程中，对案例中涉及的当事人和单位等敏感信息应当做一些技术性的处理。也就是将案例的一些资料来源匿名化，无论如何处理，都必须保留问题的核心部分。

6. 案例研究的有效性评价

有效性评价是案例研究的最后一步。任何研究都有评价其有效性的相应标准，案例研究方法不同于数理统计以及其他数量研究方法，它有自己的一套评价标准。评价案例质量的指标一般有四种：

一是建构效度。它是用来检验研究是否已经为要研究的概念建立了正确的可操作的测量标准。

二是内在效度。这种标准要求研究者的推导符合逻辑和正确的因果关系，防止产生不正确的结论。这种标准仅用于解释性或因果性案例研究，不能用于描述性、探索性研究。

三是外在效度。它是指研究结论是否能够推广。

四是信度。表明案例研究的每一个步骤（如资料的收集过程），都具有客观性、可重复性，并且如果不同的人重复这一研究，都能得到相同的结果。

第二节　案例式论文的结构

MPA 学位论文的题目有四种类型：案例分析型论文、调研报告型论文、问题研究型论文、政策分析型论文。其中案例分析型 MPA 学位论文的写作一般有两种常用形式：一种是完全的案例报告式论文，即整篇学位论文构成了一个完整的案例报告。另一种是部分的案例式论文，即 MPA 学员在论文前半部分提出了一种新的理论或新的模式，而将案例作为对前述的理论主张实证的一种重要方法。

一、案例分析型论文的基本结构

1. 完全的案例报告论文的结构

在完全的案例报告式论文中，论文通篇的结构一般是研究意义、理论回顾、案例描述、案例分析、结论与建议。

2. 部分的案例式论文的结构

在部分的案例式论文中，论文的结构一般按照理论研究型论文的大体框架构建，即导论、理论模型或理论框架的构建、案例研究和结论。

二、案例大赛论文的基本要求

1. 选题范围

应紧密围绕我国当前公共管理、公共政策领域面临的重大或热点问题，选择具体案例，撰写案例正文和分析报告。选题范围包括：政府管理创新；政府职能转变；地方治理创新；城市和社区治理问题；政治、经济、社会、文化、生态等领域的政策议题；公共与非营利组织管理；运用现代技术手段和方法改进公共治理等相关问题；等等。

2. 案例正文要求

案例正文一般应包括标题、引言、案例摘要、正文、结束语、附录、脚注和图表等8部分。案例正文以10 000字左右为宜，附录不宜超过5 000字。案例一定要基于真实事件。案例正文要对事件进行完整的描述，要突出真实性、代表性和冲突性，要有核心人物或决策者，推出关键事件，引出争议点。通过陈述令核心人物或决策者感到迷惑或难以决断的事情，展现事件发展或决策的制约因素和困境。

3. 案例分析要求

（1）理论明确。要明确分析案例所使用的有关公共管理的理论和工具。

（2）思路清晰。要提出恰适的分析框架，结构严谨，逻辑性强。

（3）分析全面。要全面系统地分析相关背景、决策要素和政策影响。

（4）对策可行。提出的政策或建议应具有针对性、可操作性和创新性。

4. 实地调研要求

应围绕选题进行实地调研，通过调查访谈，系统地收集相关问题的一手资料，详细了解有关事件的发展过程、相关政策的制定和执行情况等，厘清案例所处的社会背景，剖析案例涉及的各方利益，为案例正文和分析报告的撰写奠定基础。

三、案例大赛论文范例

案例大赛论文范例是一种展示特定案例研究或分析的论文模板或示例。它通常用于指导学生或参赛者如何撰写关于某一特定主题或问题的深入分析报告。实例参见全国公共管理专业学位研究生教育指导委员会官网（http://www. mpa. org. cn/）。

第三节　劳动安全类案例编写实例

摘　要：2018年12月26日，D大学东校区2号楼实验室内学生进行垃圾渗滤液污水处理科研试验时发生爆炸。经核实，事故造成3名参与实验的学生死亡，校园安全问题引起全社会高度关注。经调查，该事故被认定为安全责任事故，学校、院系、实验室、导师都负有责任。本案例基于公共管理协同治理理论，对于校园实验室安全问题进行研究，探讨如何重塑校园实验室安全的对策，更加注重发挥学校、院系、实验室、政府等方面的协同作用，使校园安全真正落到实处。

关键词：实验室爆炸；实验室安全管理；危化品管理；校园安全；协同治理理论

一、事故基本情况

（一）事故现场情况

事故现场位于D大学东校区东教2号楼。该建筑为砖混结构，中间两层建筑为市政与环境工程实验室（以下简称“环境实验室”），东西两侧三层建筑为电教教室（内部与环境实验室不连通）。环境实验室一层由西向东依次为模型室、综合实验室（西南侧与模型室连通）、微生物实验室、药品室、大型仪器平台；二层由西向东分别为水质工程学Ⅱ、水质工程学Ⅰ、流体力学、环境监测实验室；一层南侧设有5个南向出入口；一、二层由东、西两个楼梯间连接；一层模型室和综合实验室南墙外码放9个集装箱，其建筑布局如图8－3所示。

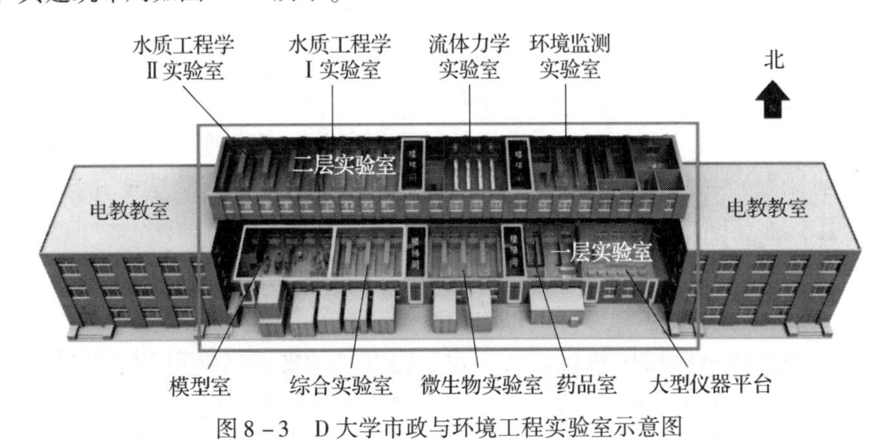

图8－3　D大学市政与环境工程实验室示意图

（二）事发项目情况

事发项目为D大学垃圾渗滤液污水处理横向科研项目，由D大学所属北京交大创新科技中心和北京京华清源环保科技有限公司合作开展，目的是制作垃圾渗滤液硝化载体。该项目由D大学土木建筑工程学院市政与环境工程系教授A教师申请立项，经学校批准，并由A教师负责实施。

2018年11月至12月期间，A教师与北京京华清源环保科技有限公司签订技术合作协议；北京交大创新科技中心和北京京华清源环保科技有限公司签订销售合同，约定15天内制作2立方米垃圾渗滤液硝化载体。北京京华清源环保科技有限公司按照与A教师的约定，从河南新乡县京华镁业有限公司购买30桶镁粉（1吨、易制爆危险化学品），并通过互联网购买项目所需的搅拌机（饲料搅拌机）。A教师从天津市同鑫化工厂购买了项目所需的6桶磷酸（0.21吨、危险化学品）和6袋过硫酸钠（0.2吨、危险化学品）以及其他材料。

垃圾渗滤液硝化载体制作流程分为两步：第一步，通过搅拌镁粉和磷酸反应，生成镁与磷酸镁的混合物；第二步，在镁与磷酸镁的混合物内加入镍粉等其他化学物质生成胶状物，并将胶状物制成圆形颗粒后晾干。

（三）实验室和危险化学品管理情况

1. 实验室管理情况

D大学对校内实验室实行学校、学院、实验室三级管理，学校层级的管理部门为国资处、保卫处、科技处等；学校设立实验室安全工作领导小组，领导小组办公室设在国资处。发生事故的环境实验室隶属于D大学土木建筑工程学院，学院层级管理部门为土木建筑工程学院实验中心，日常具体管理为环境实验室。

2. 危险化学品管理情况

D大学保卫处是学校安全工作的主管部门，负责各学院危险化学品、易制爆危险化学品等购置（赠予）申请的审批、报批，以及实验室危险化学品的入口管理；国资处负责监管实验室危险化学品、易制爆危险化学品的储存、领用及使用的安全管理情况；科技处负责对涉及危险化学品等危险因素科研项目进行风险评估；学院负责本院实验室危险化学品、易制爆危险化学品等危险物品的购置、储存、使用与处置的日常管理。事发前，A教师违规将试验所需镁粉、磷酸、过硫酸钠等危险化学品存放在一层模型室和综合实验室，且未按规定向学院登记。

事发后经核查，土木建筑工程学院登记科研用危险化学品现有存量为160.09升和30.23公斤，未登记易制爆危险化学品；登记本科教学用危险化学品现有存量43.5升和8.68公斤，未登记易制爆危险化学品。

（四）事故发生经过

2018年2月至11月期间，A教师先后开展垃圾渗滤液硝化载体相关试验50余次。11月30日，事发项目所用镁粉运送至环境实验室，存放于综合实验室西北侧；12月14日，磷酸和过硫酸钠运送至环境实验室，存放于模型室东北侧。

12月17日，搅拌机被运送至环境实验室，放置于模型室北侧中部。

12月23日12时18分至17时23分，A教师带领刘某辉、刘某轶、胡某翠等7名学生在模型室地面上，对镁粉和磷酸进行搅拌反应，未达到试验目的。

12月24日14时09分至18时22分，A教师带领上述7名学生尝试使用搅拌机对镁粉和磷酸进行搅拌，生成了镁与磷酸镁的混合物。因第一次搅拌过程中搅拌机料斗内镁粉粉尘向外扬出，A教师安排学生用实验室工作服封盖搅拌机顶部活动盖板处缝隙。当天消耗3至4桶（每桶约33公斤）镁粉。

12月25日12时42分至18时02分，A教师带领其中6名学生将24日生成的混合物加入其他化学成分混合后，制成圆形颗粒，并放置在一层综合实验室实验台上晾干。其间，两桶镁粉被搬运至模型室。

12月26日上午9时许，刘某辉、刘某轶、胡某翠等6名学生按照A教师安排陆续进入实验室，准备重复24日下午的操作。经视频监控录像反映：当日9时27分45秒，刘某辉、刘某轶、胡某翠进入一层模型室；9时33分21秒，模型室内出现强烈闪光；9时33分25秒，模型室内再次出现强烈闪光，并伴有大量火焰，随即视频监控中断。

事故发生后，爆炸及爆炸引发的燃烧造成一层模型室、综合实验室和二层水质工程学Ⅰ、Ⅱ实验室受损。其中，一层模型室受损程度最重。模型室外（南侧）邻近放置的集装箱均不同程度过火。

经事故调查组调查，事故原因为学生在实验过程中使用搅拌机对镁粉和磷酸搅拌、反应过程中，料斗内产生的氢气被搅拌机转轴处金属摩擦、碰撞产生的火花点燃爆炸，继而引发镁粉粉尘云爆炸，爆炸引起周边镁粉和其他可燃物燃烧，造成现场3名学生死亡。事故调查组同时认定，D大学有关人员违规开展试验、冒险作业；违规购买、违法储存危险化学品；对实验室和科研项目安全管理不到位。

2019年2月13日，公安机关对事发科研项目负责人A教师和事发实验室管理人员张某依法立案侦查，追究刑事责任。根据干部管理权限，经教育部、D大学研究决定，对学校党委书记曹某永、校长宁某、副校长关某良等12名干部及土木建筑工程学院党委进行问责，并分别给予党纪政纪处分。

（五）事故原因分析

1. 排除人为故意因素

公安机关对涉事相关人员和各种矛盾的情况进行了全面排查，并对死者周边亲友、老师、同学进行了走访，结合事故现场勘查、相关视频资料分析，以及尸检报告、爆炸燃烧形成痕迹等，排除了人为故意纵火和制造爆炸案件的嫌疑。

2. 确定爆炸中心位置

经勘查，爆炸现场位于一层模型室，该房间东西长12.5米、南北宽8.5米、高3.9米。事故发生后，模型室内东北部（距东墙4.7米、距北墙2.9米）发现一台金属材质搅拌机，其料斗安装于金属架上。搅拌机料斗顶部的活动盖板呈鼓起状，抛落于搅拌机东侧地面，出料口上方料斗外壁有明显物质喷溅和灼烧痕迹。搅拌机料斗顶部的活动盖板与固定盖板连接的金属铰链被爆炸冲击波拉断。上述情况表明：爆炸中心位于搅拌机处，爆炸首先发生于搅拌机料斗内。

3. 爆炸物质分析

通过理论分析和实验验证，磷酸与镁粉混合会发生剧烈反应并释放出大量氢气和热量。氢气属于易燃易爆气体，爆炸极限范围为4%至76%（V/V），最小点火能0.02兆焦，爆炸火焰温度超过1 400 ℃。

因搅拌、反应过程中只有部分镁粉参与反应，料斗内仍剩余大量镁粉。镁粉属于爆炸性金属粉尘，遇点火源会发生爆炸，爆炸火焰温度超过 2 000 ℃。

据模型室视频监控录像显示，9 时 33 分 21 秒至 25 秒室内出现两次强光；第一次强光光线颜色发白，符合氢气爆炸特征；第二次强光光线颜色泛红，符合镁粉爆炸特征。综上所述，爆炸物质是搅拌机料斗内的氢气和镁粉。

4. 点火源分析

经勘查，料斗内转轴盖片通过螺栓与转轴固定，搅拌机转轴旋转时，转轴盖片随转轴同步旋转，并与固定的转轴护筒（以上均为铁质材料）接触发生较剧烈摩擦。运转一定时间后，转轴盖片上形成较深沟槽，沟槽形成的间隙可使转轴盖片与转轴护筒之间发生碰撞，摩擦与碰撞产生的火花引发搅拌机内氢气发生爆炸。

5. 爆炸过程分析

搅拌过程中，搅拌机料斗内上部形成了氢气、镁粉、空气的气固两相混合区；料斗下部形成了镁粉、磷酸镁、氧化镁（镁与水反应产物）等物质的混合物搅拌区。

转轴盖片与护筒摩擦、碰撞产生的火花，点燃了料斗内上部氢气和空气的混合物并发生爆炸（第一次爆炸），爆炸冲击波超压作用到搅拌机上部盖板，使活动盖板的铰链被拉断，并使活动盖板向东侧飞出。同时，冲击波将搅拌机料斗内的镁粉裹挟到搅拌机上方空间，形成镁粉粉尘云并发生爆炸（第二次爆炸）。爆炸产生的冲击波和高温火焰迅速向搅拌机四周传播，并引燃其他可燃物。

专家组对提取的物证、书证、证人证言、鉴定结论、勘验笔录、视频资料进行系统分析和深入研究，结合爆炸燃烧模拟结果，确认事故直接原因为：在使用搅拌机对镁粉和磷酸搅拌、反应过程中，料斗内产生的氢气被搅拌机转轴处金属摩擦、碰撞产生的火花点燃爆炸，继而引发镁粉粉尘云爆炸，爆炸引起周边镁粉和其他可燃物燃烧，造成现场 3 名学生死亡。

6. 间接原因

违规开展试验、冒险作业；违规购买、违法储存危险化学品；对实验室和科研项目安全管理不到位是导致本起事故的间接原因。

（六）舆情热议

事故发生后，高校实验室安全引发社会关注，D 大学实验室爆炸事故整体舆情处于快速上涨状态，相关媒体报道数量不断升高。截至 12 月 26 日晚间，相关媒体报道信息数量超过 8 000 篇，随后舆情仍呈增长的趋势。“实验室爆炸”“D 大学”“实验室”“爆炸声”“好几声”等成为舆情相关热词，网民热议主要集中在两个方面：一是感叹科研风险；二是为学生感到惋惜。

事故发生同日晚，D 大学土木建筑工程学院官方网页变成灰色，首页显示“沉痛哀悼环境工程专业三名遇难学生”。同日晚间，海淀区消防集中力量对全区 41 家高等院校消防安全工作进行会诊式消防夜查行动。12 月 29 日，D 大学土木建筑学院院长被停职，涉事研究生的导师被暂停科研教学。D 大学称将深刻吸取沉痛教训，加强安全风险防控。并将根据事故调查结果，依法依规严肃问责。

教育部12月29日下发通知，要求加强高校安全检查，切实做好学校安全生产工作，深刻吸取近期发生的实验室爆燃事件教训，针对当前实验室安全工作中的突出问题和薄弱环节，开展实验室安全隐患排查整治，重点检查实验室安全领导责任制和责任体系建立完善情况。教育部要求各地各校要开展一次覆盖消防安全、校车安全、校舍安全、网络安全、燃气安全、食品及饮用水安全、传染病防控、危险化学品安全、特种设备安全及校园周边治理等领域的安全隐患全面排查，并在元旦、春节、寒假等重要节点，进一步强化师生安全防范意识。此外，要强化应急响应和处置工作，制定完善各类事故应急预案、工作手册和保障机制，建立健全安全预警和风险评估制度、安全事故处理和风险化解机制。与此同时，海淀区教委、北京市教委也对相关学校实验室安全加大了巡查检查力度，全面排查风险隐患。

二、事故应急管理过程

（一）预防与预警阶段

2018年12月27日，其中一名遇难学生小毛（化名）家属发帖称：在发生爆炸的前一天，该实验室学生就曾拨打环保举报电话，表示：该实验室经常有异味散出，并称已持续一年左右。

2018年12月28日，记者与北京市非紧急救助服务中心取得联系，对方表示12月25日他们确实收到相关投诉，投诉人称，不知道该实验室在干什么，散发的异味特别大，这气味严重影响到周围居民的健康和环境，该线索已提交至海淀区环保局处理。小毛家属发的帖子还称此前学生们还就实验室散发异味的问题讨论过：从聊天截图可以看出，涉事实验室内曾堆放过40袋水泥、30桶镁粉、28袋磷酸钠，还有8桶催化剂、6桶磷酸。从第二张截图可以看出，学生准备举报了。为此，遇难学生家属表示，爆炸的原因其实是实验室放置太多易燃易爆的危险品了！

发生事故之前，北京市非紧急救助服务中心于12月25日收到过周围居民对于实验室存在异味影响居民健康和环境的投诉，并将该线索提交至海淀区环保局处理，但没有得到有效的解决，12月26日，就发生了爆炸。依据《化学危险品安全管理条例》，贮存化学危险品的监管部门是应急管理局，所以环保局应该是不会受理的，但是环保局没有及时移送有关部门处理。

（二）应急救援及恢复阶段

2018年12月26日9时33分，市消防总队119指挥中心接到D大学东校区东教2号楼发生爆炸起火的报警。报警人称现场实验室内有镁粉等物质，并有人员被困。

119指挥中心接警后，共调集11个消防救援站、38辆消防车、280余名指战员赶赴现场处置。

9时43分，西直门、双榆树消防站先后到场。经侦察，实验室爆炸起火并引燃室内物品，现场有3名学生失联，实验室内存放大量镁粉。现场指挥员第一时间组织两个搜救组分别从东西两侧楼梯间出入口进入建筑内搜救被困人员，并成立两个灭火组设置保护阵地堵截实验室东西两侧蔓延火势。9 时 50 分，搜救组在模型室与综合实验室连接门东侧 1 至 2 米处发现第一具尸体，抬到西侧楼梯间。随后，陆续在模型室的中间部位发现第二具尸体，在模型室与综合实验室连接门西侧约 1 米处发现第三具尸体。

救援过程中，实验室内存放的镁粉等化学品连续发生爆炸，现场指挥部进行安全评估后，下达了搜救组人员全部撤出的命令。同时，在实验室南北两侧各设置 4 个保护阵地，使用沙土、压缩空气干泡沫对实验室内部进行灭火降温，并在外围控制火势向二楼蔓延。11 时 45 分，现场排除复燃复爆危险后，救援人员进入建筑内部开展搜索清理，抬出三具尸体移交医疗部门，并用沙土、压缩空气干泡沫清理现场残火。18 时，现场清理完毕，双榆树消防站留守现场看护，其余消防救援力量返回。

事故发生后，学校各专项工作组迅速开展工作。多次看望慰问遇难学生家属，全力做好善后工作；对相关师生开展有针对性的心理辅导；全面开展学校安全工作大检查，排查安全隐患，进行有效管控，防止发生此类事故；全力配合北京市事故调查组开展工作；积极回应各方关切，及时通报相关情况。目前，土建学院院长已被停职检查，土建学院遇难研究生的导师停止一切教学科研工作，协助配合事故调查处置工作。

事故调查组按照“科学严谨、依法依规、实事求是、注重实效”的原则，通过现场勘验、检测鉴定、调查取证、模拟实验，并委托化工、爆炸、刑侦、火灾调查有关领域专家组成专家组进行深入分析和反复论证，查明了事故发生的经过和原因，认定了事故性质和责任，并提出了对有关责任人员和单位的处理建议及事故防范和整改措施。经事故调查组认定，本起事故是一起责任事故。

三、关键问题分析

（一）校园实验室安全管理

实验室是校园的一个特殊场合，从其安全管理角度需要严格遵守规章制度，以本案例为例，D 大学有《D 大学实验室技术安全管理办法》《D 大学土木工程实验中心实验室安全管理规范》等规定，但在实验室管理和落实方面，存在以下问题：

首先，D 大学作为学校管理方，未能建立有效的实验室安全常态化监管机制；实验室日常安全管理责任落实不到位，未能通过检查发现土木建筑工程学院相关违规行为；未对事发科研项目开展安全风险评估；未落实《教育部 2017 年实验室安全现场检查发现问题整改通知书》有关要求，整改不细致也没有持续深入。

其次，D 大学土木建筑工程学院对实验室安全工作重视程度不够；实验室安全责任体系落实不到位；下设的实验中心未按规定开展实验室安全检查、实验室安全管理制度监督执行和警示力度不够；未对申报的横向科研项目开展风险评估；未按学校要求开展实验室安全自查；在事发实验室主任岗位空缺期间，未按规定安排实验室安全责任人并进行必要培训。对违规使用教学实验室开展试验的行为，未及时查验、有效制止并上报。实验室管理人员未落实《D 大学土木工程实验中心实验室安全管理规范》

等实验室管理制度；未有效履行实验室安全巡视职责，未有效制止A教师违规使用实验室，对事故发生负有直接管理责任。

最后，海淀环保局在接到北京市非紧急救助服务中心的热线举报后，未进行及时受理，也没有及时反馈至安全生产监督管理部门处理，政府管理上也负有一定的责任。

（二）危险化学品的储存、使用管理

根据《危险化学品安全管理条例》第八十条第五款规定：出现“危险化学品的储存方式、方法或者储存数量不符合国家标准或者国家有关规定”情形的，由安监部门责令改正，处5万元以上10万元以下的罚款；由此可见，危险化学品储存、使用的政府监管部门都是安监局。

首先，D大学作为学校管理方，未发现事发科研项目负责人违规购买危险化学品，并运送至校内的行为；对土木建筑工程学院购买、储存、使用危险化学品、易制爆危险化学品情况底数不清、监管不到位。

其次，D大学土木建筑工程学院作为实验室直接管理部门，未发现违规购买、违法储存易制爆危险化学品的行为；对实验室存放的危险化学品底数不清，报送失实。

再次，实验室管理人员，未落实《D大学土木工程实验中心实验室安全管理规范》等实验室管理制度，未发现违法储存的危险化学品，对事故发生负有直接管理责任。参与实验的导师违规购买、违法储存危险化学品，负有直接责任。学生也没有及时制止、举报，也负有一定责任。

最后，应急管理局作为危险化学品的监管机构，接到过类似的举报，没有进行有效处理，存在履职不到位的情况。同时，这也让笔者对应急管理局工作人员的专业水平和监管水平提出质疑。

（三）科研（实验）项目的安全管理

第一，导师作为实验主导人员，在实验流程的设计管理和把控方面存在问题。据悉该导师有较强的专业技术水平，有多项科技成果发表，但是教学风格强势。实验室里的30桶镁粉等物品就是按照其要求存放于实验室，并未采取任何防护措施。作为一名专业领域富有经验的导师，理应清楚存放如此大量危险化学品的严重后果，却仍然一意孤行，自认为安全，而把一切的规程、规范抛诸脑后，用自己所谓的“经验”来强势“指导”实验室搞科研，导师在参与实验过程中，未告知学生参与制作垃圾渗滤液硝化载体人员所使用化学原料的配比和危险性，未到现场指导学生制作，明知危险仍冒险作业，对事故发生负有直接责任。

第二，发生此次事故，反映了学校科研项目安全管理各项措施管理、落实不到位，未建立完备的科研项目安全风险评估体系，实验前的安全评估工作欠缺，未对科研项目涉及的安全内容进行实质性审核，且未对科研项目试验所需的危险化学品、仪器器材和试验场地进行备案审查。

（四）校园安全治理

校园安全治理需要政府、学校有关部门和人员共同努力，发生此次事故后，校园安全问题引发社会高度关注，政府有关部门做到了快速行动。

12 月 26 日晚间，北京市海淀区消防集中力量对全区 41 家高等院校消防安全工作进行会诊式消防夜查行动，重点对学校实验室、教学楼、学生宿舍、食堂以及家属区等重点部位的消防安全工作进行检查。

12 月 29 日，教育部下发《关于进一步加强高校教学实验室安全检查工作的通知》，要求各地各高校全面加强高校教学实验室安全检查工作，从实验室在安全管理体制机制、安全宣传教育、危险源管理、安全设施与环境、安全应急能力建设等方面提出严查要求，有效防范类似事故发生，确保高校师生安全和校园稳定。

2019 年 1 月 3 日，国务院安委会办公室召开高等学校实验室安全管理工作视频会议。会议指出，要深刻吸取 D 大学“12・26”较大事故教训，进一步推动高校实验室安全管理责任落实。

与此同时，海淀区教委、北京市教委也对相关学校实验室安全加大了巡查检查力度，全面排查风险隐患。

校园安全需要各方共同治理，各部门要立即深入研究制定加强校园安全尤其是实验室安全工作的对策措施，部署开展实验室安全隐患排查治理，对发现的问题隐患，要列出清单，明确责任措施，督促学校照单履责、检查、整改，实现闭环管理，不断健全完善高校安全治理长效机制。

四、实验室安全治理对策

（一）加强实验室安全管理

第一，加大实验室基础建设投入，完善实验室管理制度，实现分级分类管理；例如中国石油大学启用了实验室安全教育考试系统，通过考试才能进入实验室，这项措施可以提高实验室人员安全意识和安全技能，有效地防止安全事故发生，构建和谐平安校园。

第二，明确各实验室开展试验的范围、人员及审批权限，严格落实实验室使用登记相关制度。

第三，结合实验室安全管理实际，配备具有相应专业能力和工作经验的人员负责实验室安全管理。充分履行实验室安全巡视职责，有效制止出现违规使用实验室的行为。

（二）危险化学品的购买、储存、使用必须符合法律、制度规定，并严格落实

全覆盖管控危险化学品。建立集中统一的危险化学品全过程管理平台，加强对危险化学品购买、运输、储存、使用管理；严控校内运输环节，坚决杜绝不具备资质的危险品运输车辆进入校园；设立符合安全条件的危险化学品储存场所，建立危险化学品集中使用制度，严肃查处违规储存危险化学品的行为；开展有针对性的危险化学品安全培训和应急演练。

（三）强化科研项目安全管理

第一，健全学校科研项目安全管理各项措施，建立完备的科研项目安全风险评估体系，对科研项目涉及的安全内容进行实质性审核。

第二，对科研项目试验所需的危险化学品、仪器器材和试验场地进行备案审查，并采取必要的安全防护措施。

（四）校园安全的公共治理

实验室安全是校园安全的重中之重，从安全角度来说，需要政府、教委、学校、院系、实验室等部门的协同治理，各司其职，共同构建安全的校园环境。

各级学校要深刻汲取此次事故教训，认真落实北京普通高校实验室危险化学品安全管理规范，切实履行安全管理主体责任，全面开展实验室安全隐患排查整改，明确实验室安全管理工作规则，进一步健全和完善安全管理工作制度，深化学校、二级院系、实验室三级安全管理责任落实，加强人员培训，明确安全管理责任，严格落实各项安全管理措施，坚决防止此类事故发生。涉及学校实验室危险化学品安全管理的教育及其他有关部门和应急管理局等政府部门，要按照工作职责督促学校使用危险化学品安全管理主体责任的落实，持续开展学校实验室危险化学品安全专项整治，摸清危险化学品底数，加强对涉及学校实验室危险化学品、易制爆危险化学品采购、运输、储存、使用、保管、废弃物处置的监管，将学校实验室危险化学品安全管理纳入平安校园建设，切实将校园安全工作做到实处。

本章小结

本章是劳动安全案例研究的核心章节，主要阐述了劳动安全类案例的研究过程与结果评价。通过本章的学习，要对劳动安全案例研究有一定的认识，正确理解案例式论文的基本结构与要求，熟练掌握案例研究分析与编写方法。

关键术语

案例　案例研究　案例编写　案例研究设计　案例选择　案例资料收集　资料分析　案例有效性评价

思考题

1. 什么是案例？典型的案例如何进行理论与实践调研获取？
2. 劳动安全类案例具有什么样的结构特征？编写的注意事项有哪些？
3. 案例研究的基本流程是什么？如何进行案例研究的结果评价？
4. 案例研究与案例编写的本质区别是什么？
5. 案例式学位论文和案例大赛论文的区别是什么？

延伸阅读

[1] 中国公共管理案例中心. 中国公共管理案例（第三辑）[M]. 北京：清华大

学出版社，2014.

[2] 汪大海，侯先荣. MPA 学位论文写作指南 [M]. 北京：中国人民大学出版社，2015.

[3] 焦星河. 我国劳动者“加班”行为认定法律问题研究 [D]. 贵阳：贵州民族大学，2021.

[4] 巩彦奎. 学校劳动教育安全风险防控的保障制度研究 [J]. 考试周刊，2021(44)：5-6.

参考文献

[1] 12·26 北京交通大学实验室爆炸事故 [DB/OL]. https://baike.baidu.com/item/12%E2%80%A226%E5%8C%97%E4%BA%AC%E4%BA%A4%E9%80%9A%E5%A4%A7%E5%AD%A6%E5%AE%9E%E9%AA%8C%E5%AE%A4%E7%88%86%E7%82%B8%E4%BA%8B%E6%95%85/23223462?fr=aladdin.

[2] 人民日报海外网. 北交大实验室爆炸，再次敲响安全管理警钟 [EB/OL]. (2018-12-26)[2024-10-01]. https://baijiahao.baidu.com/s?id=1620901194474305574&wfr=spider&for=pc.

[3] 教育探索君. 北京交通大学实验室爆炸真相曝光，是谁应该为这场悲剧“买单”? [EB/OL]. (2018-12-29)[2024-10-01]. https://baijiahao.baidu.com/s?id=1621152439250314662&wfr=spider&for=pc.

[4] 北京交通大学“12·26”较大爆炸事故调查报 [EB/OL]. (2019-05-28)[2024-10-01]. https://www.jsahvc.edu.cn/sysaq/2019/0528/c2490a81663/page.htm.

[5] 王斓，冀学时，李颖，等. 实验室化学药品中毒事故的应急处理 [J]. 实验室科学，2011，14(3)：194-196.

[6] 庄立洲. 浅谈高校化学实验室爆炸事故常见原因及预防措施 [J]. 科学大众(科学教育)，2016(12)：149.

[7] 李志华，邱晨超，贺继高. 化学类实验室爆炸事故预防浅析 [J]. 实验室科学，2016，19(5)：212-214.

[8] 田振峰. 警惕实验室化学试剂中毒 [J]. 实验教学与仪器，1999(12)：16.

[9] 刘耿珊，谢焯州，郭柔芬，等. 基于回溯推理理论的实验室安全事故分析与防治 [J]. 江西化工，2018(3)：198-200.

[10] 赵成知，杜向锋，王晨，等. 高校实验室火灾及预防 [J]. 安全，2016，37(3)：66-70.

[11] 李燕捷. 高等院校实验室火灾事故因果建构图分析 [J]. 实验技术与管理，2012，29(11)：200-202.

附件一

我国保险机构人身意外伤害保险职业分类表

我国保险机构人身意外伤害保险职业分类表

职业大类	职业	工种	级别
00　一般职业	0001　机关团体公司	0001001　机关内勤（不从事凶险工作）	1
		0001002　机关外勤（不属于本表下列职业分类所列者）	2
	0002　工厂	0002001　工厂负责人（不亲自作业）	2
		0002002　工厂厂长（不亲自作业）	2
01　农牧业	0101　农业	0101001　农场经营者（不亲自作业）	1
		0101002　农夫	2
		0101003　长短工	3
		0101004　果农	3
		0101005　苗圃栽培人员	2
		0101006　花圃栽培人员	2
		0101007　饲养家禽家畜人员	2
		0101008　农业技师、指导员	2
		0101009　农业机械之操作或修理人员	3
		0101010　农具商	2
		0101011　糖厂技工	4
		0101012　昆虫（蜜蜂）饲养人员	3
	0102　牧业	0102001　畜牧场经营者（不亲自作业）	1
		0102002　畜牧工作人员	3
		0102003　兽医	3
		0102004　动物养殖人员	3
		0102005　驯犬人员	4

续表

职业大类	职业	工种	级别
02　渔业	0201　内陆渔业	0201001　渔场经营者（不亲自作业）	1
		0201002　养殖工人（内陆）	3
		0201003　热带鱼养殖者、水族馆经营者	2
		0201004　捕鱼人（内陆）	3
		0201005　水产实验人员（室内）	1
		0201006　渔场经营者（亲自作业）	3
		0201007　养殖工人（沿海）	6
		0201008　捕鱼人（沿海）	6
	0202　海上渔业	0202001　远洋渔船船员	拒保
		0202002　近海渔船船员	拒保
03　木材森林业	0301　森林砍伐业	0301001　领班	4
		0301002　监工	4
		0301003　伐木工人	6
		0301004　锯木工人	6
		0301005　运材车辆之司机及押运人员	6
		0301006　起重机之操作人员	6
		0301007　装运工人、挂钩工人	6
	0302　木材加工业	0302001　木材工厂现场之职员	2
		0302002　领班	3
		0302003　分级员	3
		0302004　检查员	3
		0302005　标记员	3
		0302006　磅秤员	3
		0302007　锯木工人	5
		0302008　防腐剂工人	4
		0302009　木材储藏槽工人	4
		0302010　木材搬运工人	5
		0302011　吊车操作人员	3
		0302012　合板制造人员	4

续表

职业大类	职业	工种	级别
03　木材森林业	0303　造林业	0303001　领班	3
		0303002　山地造林人员	4
		0303003　山林管理人员	4
		0303004　森林防火人员	6
		0303005　平地育苗人员	2
		0303006　实验室育苗栽培人员	1
04　矿业采石业	0401　道内作业	0401001　矿工	拒保
	0402　坑外作业	0402001　经营者（不到现场者）	1
		0402002　经营者（现场监督者）	4
		0402003　经理人员	2
		0402004　矿寻工程师、技师、领班	4
		0402005　工人	5
		0402006　工矿安全人员	4
	0403　海上作业	0403001　海上所有作业人员（潜水人员拒保）	6
	0404　采矿石业	0404001　采石业工人	拒保
		0404002　采砂业工人	拒保
	0405　陆上油矿开采业	0405001　行政人员	2
		0405002　工程师	3
		0405003　技术员	5
		0405004　油气井清洁保养修护工	5
		0405005　钻勘设备安装换修保养工	5
		0405006　钻油井工人	5
05　交通运输业	0501　陆运	0501001　计程车行、货运行之负责人	1
		0501002　外务员	2
		0501003　内勤工作人员	1
		0501004　自用小客车司机	3
		0501005　自用大客车司机	3
		0501006　计程车、救护车司机	4
		0501007　游览车司机及服务员	3

续表

职业大类	职业	工种	级别
05　交通运输业	0501　陆运	0501008　客运车司机及服务员	3
		0501009　小型客货两用车司机	3
		0501010　自用货车司机、随车工人、搬家工	4
		0501011　人力三轮车夫	3
		0501012　铁牛车驾驶员、混凝土预拌车驾驶员	5
		0501013　机动三轮车夫	5
		0501014　柜台售票员	1
		0501015　客运车稽核人员	2
		0501016　营业用货车司机、随车工人	6
		0501017　搬运工人	6
		0501018　矿石车司机、随车工人	6
		0501019　工程卡车司机、随车人员	5
		0501020　液化、氧化油罐车司机、随车工人	6
		0501021　货柜车司机、随车人员	4
		0501022　缆车操纵员	3
		0501023　有摩托车驾照人员	3
	0502　铁路	0502001　铁路站长	1
		0502002　铁路票房工作人员	1
		0502003　铁路播音员	1
		0502004　铁路一般内勤人员	1
		0502005　铁路车站检票员	1
		0502006　铁路服务台人员	1
		0502007　铁路月台上工作人员	2
		0502008　铁路行李搬运工人	3
		0502009　铁路车站清洁工人	2
		0502010　铁路随车人员（技术人员除外）	2
		0502011　铁路驾驶员	3
		0502012　铁路燃料填充员	3
		0502013　铁路机工	4

续表

职业大类	职业	工种	级别
05　交通运输业	0502　铁路	0502014　铁路电工	4
		0502015　铁路修护厂厂长	1
		0502016　铁路修护厂内勤	1
		0502017　铁路修护厂工程师	2
		0502018　铁路修护厂技工	3
		0502019　铁路修路工	4
		0502020　铁路维护员	4
		0502021　铁路平交道看守人员	2
		0502022　铁路货运领班	3
		0502023　铁路货运、搬运工人	4
	0503　航运	客货轮	
		0503001　船长	6
		高级船员	
		0503002　轮机长	4
		0503003　大副	4
		0503004　二副	4
		0503005　三副	4
		0503006　大管轮	4
		0503007　二管轮	4
		0503008　三管轮	4
		0503009　报务员	4
		0503010　事务长	4
		0503011　医务人员	4
		一般船员	
		0503012　水手长	6
		0503013　水手	6
		0503014　铜匠	6
		0503015　木匠	6
		0503016　泵匠	6

续表

职业大类	职业	工种	级别
05　交通运输业	0503　航运	0503017　电机师	6
		0503018　厨师	6
		0503019　服务生	6
		0503020　实习生	6
		游览船及小汽艇	
		0503021　游览船之驾驶及工作人员	6
		0503022　小汽艇之驾驶及工作人员	6
		港口作业	
		0503023　码头工人及领班	4
		0503024　堆高机操作员	4
		0503025　仓库管理人、理货员	3
		0503026　领航员	4
		0503027　引水员	4
		0503028　关务人员	2
		0503029　稽查人员	3
		0503030　缉私人员	4
		0503031　拖船驾驶员及工作人员	4
		0503032　渡船驾驶员及工作人员	4
		0503033　救难船员	6
	0504　空运	航空站	
		0504001　站长	1
		0504002　播音员	1
		0504003　服务台人员	1
		0504004　一般内勤人员	1
		0504005　塔台工作人员	1
		0504006　关务人员	1
		0504007　检查人员	1
		0504008　运务人员	1
		0504009　缉私人员	2

续表

职业大类	职业	工种	级别
05　交通运输业	0504　空运	0504010　站内清洁工人（航空大厦内）	2
		0504011　机场内交通车司机	3
		0504012　行李货运搬运工人	3
		0504013　加添燃料人员	4
		0504014　飞机洗刷人员	4
		0504015　清洁工（站外、航空大厦外）	4
		0504016　跑道维护工	4
		0504017　机械员	4
		0504018　飞机修护人员	4
		航空公司	
		0504019　办事处人员	1
		0504020　票务人员	1
		0504021　机场柜台工作人员	1
		0504022　清洁工	3
		航空货运	
		0504023　航空一般内勤人员	1
		0504024　外务员	2
		0504025　报关人员	2
		0504026　理货员	3
		空勤人员	
		0504027　民航机飞行人员	6
		0504028　机上服务员	6
		0504029　直升机飞行人员	6
06　餐旅业	0601　旅游业	0601001　一般内勤人员	1
		0601002　外务员	2
		0601003　导游、领队	2
	0602　旅馆业	0602001　负责人	1
		0602002　一般内勤工作人员	1
		0602003　外务员	2

续表

职业大类	职业	工种	级别
06 餐旅业	0602 旅馆业	0602004 收账员	2
		0602005 技工	3
		注：餐饮部工作人员比照餐饮业	
	0603 餐饮业	0603001 经理人员	1
		0603002 一般内勤服务人员	1
		0603003 柜台人员	1
		0603004 收账员	2
		0603005 采购人员	2
		0603006 厨师	2
		0603007 服务人员	2
07 建筑工程	0701 建筑公司（土木工程）	0701001 建筑师	1
		0701002 制图员	1
		0701003 内勤工作人员	1
		0701004 测量员	3
		0701005 工程师	3
		0701006 监工	3
		0701007 营造厂负责人、业务员	2
		0701008 引导参观工地服务人员	2
		建筑工人	
		0701009 领班	3
		0701010 模板工	4
		0701011 木匠	3
		0701012 泥水匠	4
		0701013 混凝土混合机操作员	4
		0701014 油漆工、喷漆工	4
		0701015 水电工	4
		0701016 钢骨结构工人	5
		0701017 鹰架架设工人、铁工	5
		0701018 焊工	5

续表

职业大类	职业	工种	级别
07　建筑工程	0701　建筑公司（土木工程）	0701019　建筑工程车辆驾驶员	5
		0701020　建筑工程车辆机械操作员	5
		0701021　承包商（土木建筑）	3
		0701022　磨石工人	3
		0701023　洗石工人	4
		0701024　石棉瓦或浪板安装人员	4
		0701025　铝门窗装修工人	4
		0701026　排水工程人员	4
		0701027　防水工程人员	4
		0701028　拆屋、迁屋工人	5
	0702　铁路道路铺设	0702001　工程师	3
		0702002　领班	3
		0702003　道路工程机械操作员	4
		0702004　道路工程车辆驾驶员	4
		0702005　铺设工人（山地）	5
		0702006　铺设工人（平地）	4
		0702007　维护工人	4
		0702008　电线架设及维护工人	5
		0702009　管道铺设及维护工人	4
		0702010　高速公路工程人员（含美化人员）	5
	0703　造修船业	0703001　工程师	3
		0703002　领班	4
		0703003　工人	5
		0703004　拆船工人	6
		注：造修游艇人员职等类别各减一级	
	0704　电梯、升降机	0704001　安装工人	4
		0704002　修理及维护工人	4
		0704003　操作员（不含矿场使用者）	2
	0705　装潢业	0705001　设计制图人员	1

续表

职业大类	职业	工种	级别
07 建筑工程	0705 装潢业	0705002 地毯之装设人员	2
		0705003 室内装潢人员（不含木工、油漆工）	3
		0705004 室外装潢人员	6
		0705005 承包商、监工	2
		0705006 铁门窗制造、装修工人	5
	0706 其他	0706001 地质探测员（山区、海上）	6
		0706002 工地看守员（平地）	4
		0706003 海湾港口工程人员	5
		0706004 水坝工程人员、挖井工程人员	5
		0706005 桥梁工程人员	5
		0706006 隧道工作人员	6
		0706007 潜水工作人员	拒保
		0706008 爆破工作人员	拒保
		0706009 挖泥船工人	5
08 制造业	0801 钢铁业	0801001 技师	3
		0801002 工程师	3
		0801003 领班、监工	3
		0801004 工人	5
	0802 铁工厂、机械厂	0802001 技师	4
		0802002 领班、监工	3
		0802003 技工	4
		0802004 钣金工、钳工、丸铁工	4
		0802005 装配工、品管人员	4
		0802006 焊接工	5
		0802007 车床工、冲床工、铣床工、钻床工	5
		0802008 车床工（全自动）	4
		0802009 铸造工	5
		0802010 锅炉工	5
		0802011 电镀工	4

续表

职业大类	职业	工种	级别
08　制造业	0803　电子业	0803001　工程师	2
		0803002　技师	2
		0803003　领班、监工	2
		0803004　装配工	4
		0803005　修理工	3
		0803006　包装工人	4
		0803007　制造工	4
	0804　电机业	0804001　工程师	3
		0804002　技师	3
		0804003　领班、监工	3
		0804004　空气调节器之装修人员	4
		0804005　有关高压电之工作人员	6
		0804006　装配修理工、冷冻修理厂工人	4
		0804007　家电用品维修人员	3
	0805　塑胶橡胶业	0805001　工程师	2
		0805002　技师	2
		0805003　领班、监工	3
		0805004　一般工人	3
		0805005　塑胶射出成型人员（自动）	3
		0805006　塑胶射出成型工人（其他）	4
	0806　水泥业（包括水泥、石膏、石灰、陶器）	0806001　工程师	2
		0806002　技师	2
		0806003　领班	3
		0806004　工人	6
		0806005　采掘工	拒保
		0806006　爆破工	拒保
		0806007　陶瓷、木炭、砖块制造工	3
	0807　化学原料业	0807001　工程师	2
		0807002　技师	2

续表

职业大类	职业	工种	级别
08 制造业	0807 化学原料业	0807003 一般工人	3
		0807004 硫酸、盐酸、硝酸、有毒物品制造	拒保
		0807005 电池制造（技师）	3
		0807006 电池制造（工人）	4
		0807007 液化气体制造工	5
	0808 炸药业	0808001 火药爆竹制造及处理人（包括爆竹、烟火制造工）	拒保
	0809 汽车、机车、自行车制造业与修理业	0809001 工程师	2
		0809002 技师	2
		0809003 制造工人（汽、机车）	4
		0809004 装造工人（自行车）	3
		0809005 修理保养工人（汽、机车）	4
		0809006 修理保养工人（自行车）	3
		0809007 领班、监工	2
		0809008 试车人员	4
	0810 纺织及成衣业	0810001 工程师	2
		0810002 设计师	1
		0810003 技师	2
		0810004 制造工人	2
		0810005 染整工人	4
		0810006 缝纫工	3
	0811 造纸工业	0811001 技师	3
		0811002 领班、监工	3
		0811003 造纸厂工人	4
		0811004 纸浆厂工人	5
		0811005 纸箱制造工人	4
	0812 家具制造业	0812001 技师	3
		0812002 领班、监工	3
		0812003 木制家具制造工人	3

续表

职业大类	职业	工种	级别
08　制造业	0812　家具制造业	0812004　木制家具修理工人	3
		0812005　金属家具制造工人	4
		0812006　金属家具修理工人	3
	0813　手工艺品业	0813001　竹木制手工艺品加工工人	2
		0813002　竹木制手工艺品雕刻工人	2
		0813003　金属手工艺品加工工人	3
		0813004　金属手工艺品雕刻工人	3
		0813005　布类纸品工艺品加工工人	1
		0813006　矿石手艺品加工人员	3
	0814　电线电缆业	0814001　技师	3
		0814002　工人	4
	0815　食品饮料加工业	0815001　冰块制造	3
		0815002　技师	2
		0815003　制造工人	3
		0815004　碾米厂操作人员	3
	0816　家电制造业	0816001　技师	2
		0816002　一般制造工人	4
		0816003　装配工	3
		0816004　包装工	3
		0816005　焊接工	5
		0816006　冲床工	5
		0816007　剪床工	5
		0816008　铣床工	5
		0816009　铸造工	5
		0816010　车床工（全自动）	4
		0816011　车床工（其他）	5
	0817　食品加工业	0817001　技师	2
		0817002　领班	2
		0817003　监工	2

续表

职业大类	职业	工种	级别
08 制造业	0817 食品加工业	0817004 工人	3
		0817005 装罐工人	4
	0818 玻璃制造业	0818001 技师	3
		0818002 监工	3
		0818003 工人	4
09 新闻广告	0901 新闻业、杂志业	0901001 内勤人员	1
		0901002 外勤记者	2
		0901003 摄影记者	4
		0901004 战地记者	拒保
		0901005 推销员	2
		0901006 排版工	2
		0901007 装订工	2
		0901008 印刷工	2
		0901009 送货员	2
		0901010 送报员	3
	0902 广告业	0902001 一般内勤人员	1
		0902002 业务员	2
		0902003 广告招牌绘制人员（地面）	4
		0902004 广告影片之拍摄录制人员	2
		0902005 广告招牌架设人员	5
10 卫生保健	1001 医院	1001001 一般医务行政人员	1
		1001002 一般医师及护士	1
		1001003 精神病科医师、看护、护士	3
		1001004 医院炊事	2
		1001005 杂工	2
		1001006 清洁工	2
	1002 保健人员	1002001 病理检查员	1
		1002002 分析员	1
		1002003 放射线之技术人员	2

续表

职业大类	职业	工种	级别
10　卫生保健	1002　保健人员	1002004　放射线之修理人员	4
		1002005　助产士、齿模工	2
		1002006　跌打损伤治疗人员	2
		1002007　监狱、看守所医生、护理人员	4
11　娱乐业	1101　电影业、电视业	1101001　制片人	1
		1101002　影片商	1
		1101003　编剧	1
		1101004　一般演员、导演	2
		1101005　武打演员	5
		1101006　特技演员	拒保
		1101007　化妆师	1
		1101008　场记	2
		1101009　摄影工作人员	2
		1101010　灯光及音响效果工作人员	2
		1101011　冲片工作人员	2
		1101012　洗片工作人员	2
		1101013　电视记者	2
		1101014　机械工、电工	4
		1101015　布景搭设人员	4
		1101016　电影院售票员	1
		1101017　电影院放映人员、服务人员	2
		1101018　武术指导	3
	1102　高尔夫球馆	1102001　教练	2
		1102002　球场保养人员	2
		1102003　维护工人	2
		1102004　球童	2
		1102005　职业高尔夫球员	2
	1103　保龄球馆	1103001　记分员	1
		1103002　柜台人员	1

续表

职业大类	职业	工种	级别
11　娱乐业	1103　保龄球馆	1103003　机械保护员	3
		1103004　清洁工人	2
	1104　撞球馆	1104001　负责人	2
		1104002　记分员	2
	1105　游泳池	1105001　负责人	1
		1105002　管理员	1
		1105003　教练	2
		1105004　售票员	1
		1105005　救生员	4
	1106　海水浴场	1106001　负责人	1
		1106002　管理员	1
		1106003　售票员	1
		1106004　救生员	5
	1107　其他游乐园（包括动物园）	1107001　负责人	1
		1107002　售票员	1
		1107003　电动玩具操作员	2
		1107004　一般清洁工	2
		1107005　兽栏清洁工	4
		1107006　水电机械工	4
		1107007　动物园驯兽师	拒保
		1107008　饲养人员	4
		1107009　兽医（动物园）	3
	1108　艺术及演艺人员	1108001　作曲人员	1
		1108002　编曲人员	1
		1108003　演奏人员	1
		1108004　绘画人员	1
		1108005　舞蹈演艺人员、歌星	2
		1108006　雕塑人员	2
		1108007　戏剧演员	2

续表

职业大类	职业	工种	级别
11　娱乐业	1108　艺术及演艺人员	1108008　高空杂技、飞车、飞人演员	拒保
		1108009　作家	1
	1109　特种营业	1109001　咖啡厅工作人员	4
		1109002　茶室工作人员	2
		1109003　酒家工作人员	2
		1109004　乐户工作人员	2
		1109005　舞厅工作人员	4
		1109006　歌厅工作人员	3
		1109007　酒吧工作人员	3
		1109008　娱乐、餐饮业负责人	2
	1110　球类运动	1110001　球员	3
		1110002　教练	2
		1110003　足球守门员	4
		1110004　橄榄球球员	5
12　文教机构	1201　教育机构	1201001　教师	1
		1201002　学生	1
		1201003　校工	2
		1201004　军训教官、体育教师	2
	1202　其他	1202001　负责人（出版商、书店、文具店）	1
		1202002　店员	1
		1202003　外务员	2
		1202004　送货员	2
		1202005　图书馆工作人员	1
		1202006　博物馆工作人员	1
		1202007　汽车驾驶训练班教练	3
		1202008　各项运动教练	2
13　宗教机构	1300　宗教人士	1300001　寺庙及教堂管理人员	1
		1300002　宗教团体工作人员	1
		1300003　僧尼、道士、传教人员	1

续表

职业大类	职业	工种	级别
14　公共事业	1401　邮政	1401001　内勤人员	1
		1401002　包勤邮务人员	3
		1401003　包裹搬运人员	4
	1402　电信与电力	1402001　内勤人员	1
		1402002　抄表员、收费员	2
		1402003　电信装置维护修理工	3
		1402004　电信工程设施架设人员	4
		1402005　电力高压电工程设施人员	拒保
		1402006　电台天线维护人员	5
		1402007　电力装置维护修理工	4
		1402008　电力设施之架设人员	5
	1403　自来水（水利）	1403001　工程师	2
		1403002　水坝、水库管理人员	3
		1403003　水利工程设施人员	4
		1403004　自来水管装修人员	3
		1403005　抄表员、收费员	2
		1403006　自来水厂水质分析员（实地）	3
	1404　瓦斯	1404001　工程师	2
		1404002　管线装修工	3
		1404003　收费员、抄表员	2
		1404004　检查员	2
		1404005　瓦斯器具制造工	4
		1404006　瓦斯储气槽、分装厂之工作人员	3
15　一般买卖	1501　买卖	1501001　厨具商	1
		1501002　陶瓷器商	1
		1501003　古董商	1
		1501004　花卉商	1
		1501005　米商	1
		1501006　杂货商	1

续表

职业大类	职业	工种	级别
15　一般买卖	1501　买卖	1501007　玻璃商	2
		1501008　果菜商	1
		1501009　石材商	2
		1501010　建材商	2
		1501011　铁材商	2
		1501012　木材商	2
		1501013　五金商	2
		1501014　电器商	2
		1501015　水电卫生器材商	2
		1501016　机车买卖商（不含修理）	1
		1501017　汽车买卖商（不含修理）	1
		1501018　车辆器材商（不含矿物油）	1
		1501019　矿物油、香烛买卖商	2
		1501020　眼镜商	2
		1501021　食品商	1
		1501022　文具商	1
		1501023　布商	1
		1501024　服饰买卖商	1
		1501025　鱼贩	3
		1501026　肉贩	4
		1501027　屠宰	4
		1501028　药品买卖商	1
		1501029　医疗器械仪器商	2
		1501030　化学原料商、农药买卖商	3
		1501031　手工艺品买卖商	1
		1501032　银楼珠宝、当铺负责人及工作人员	3
		瓦斯器具店	
		1501033　负责人	1
		1501034　店员	1

续表

职业大类	职业	工种	级别
15　一般买卖	1501　买卖	1501035　送货员	3
		1501036　装饰工	3
		液化瓦斯零售店	
		1501037　负责人及工作人员	2
		1501038　送货员	4
		1501039　瓦斯分装工	5
		1501040　售货商	3
16　服务业	1601　银行、保险、信托	1601001　金融一般内勤人员	1
		1601002　金融外务员	2
		1601003　保险收费员	2
		1601004　保险调查员	2
		1601005　征信人员	2
		1601006　现金运送车司机、点钞员、押送员	3
	1602　自由业	1602001　律师	1
		1602002　会计师	1
		1602003　代书（内勤）	1
		1602004　经纪人（内勤）	1
		1602005　土地房屋买卖介绍人	2
	1603　其他	1603001　公证行外务员	2
		1603002　报关行外务员	2
		1603003　理发师	1
		1603004　美容师	1
		1603005　钟表匠	1
		1603006　鞋匠、伞匠	2
		1603007　洗衣店工人	2
		1603008　勘查师	2
		1603009　警卫人员（工厂、公司行号、大楼）	4
		1603010　大楼管理员	2
		1603011　摄影师	1

续表

职业大类	职业	工种	级别
16　服务业	1603　其他	1603012　道路清洁工，垃圾车司机及随车工人	3
		1603013　下水道清洁工	4
		1603014　清洁打蜡工人	2
		1603015　高楼外部清洁工、烟囱清洁工	5
		1603016　收费站停车场收费人员	2
		1603017　加油站工作人员	2
		1603018　地磅场工作人员	2
		1603019　洗车工人	2
		1603020　桑拿业负责人	1
		1603021　桑拿业柜台人员	1
		1603022　桑拿业工作人员	2
17　家庭管理	1701　家庭管理	1701001　家庭主妇	1
		1701002　佣人	2
18　治安人员	1801　治安	1801001　警务行政及内勤人员	1
		1801002　警察（负有巡逻任务者）	3
		1801003　监狱看守所管理人员	3
		1801004　交通警察	4
		1801005　刑警	5
		1801006　消防队队员、警务特勤	6
		1801007　港口、机场警卫及安全人员	4
		1801008　治安调查人员	3
		1801009　防暴警察	拒保
19　军人	1901　现役军人	1901001　一般军人（空中、海中服役者拒保）	3
		1901002　特种兵（伞兵、水中爆破兵、化学兵、负有布雷爆破任务之工兵）	拒保
		1901003　行政及内勤人员	1
		1901004　宪兵	4

续表

职业大类	职业	工种	级别
20　资讯业	2001　资讯业	2001001　维护工程师	2
		2001002　系统工程师	1
		2001003　销售工程师	1
21　职业运动	2101　高尔夫球	2101001　教练	2
		2101002　高尔夫球球员	2
		2101003　球童	2
	2102　保龄球	2102001　教练	2
		2102002　保龄球球员	2
	2103　桌球	2103001　教练	2
		2103002　桌球球员	2
	2104　羽毛球	2104001　教练	2
		2104002　羽毛球球员	2
	2105　游泳	2105001　教练	2
		2105002　游泳人员	2
	2106　射箭	2106001　教练	2
		2106002　射箭人员	2
	2107　网球	2107001　教练	2
		2107002　网球球员	2
	2108　垒球	2108001　教练	2
		2108002　垒球球员	2
	2109　溜冰	2109001　教练	2
		2109002　溜冰人员	2
	2110　射击	2110001　教练	2
		2110002　射击人员	2
	2111　民族体育活动（不含竞技性）	2111001　教练	2
		2111002　民族体育活动人员	2
	2112　举重	2112001　教练	2
		2112002　举重人员	3

续表

职业大类	职业	工种	级别
21　职业运动	2113　篮球	2113001　教练	2
		2113002　篮球球员	3
	2114　排球	2114001　教练	2
		2114002　排球球员	3
	2115　棒球	2115001　教练	2
		2115002　棒球球员	3
	2116　田径	2116001　教练	2
		2116002　参赛人员	3
	2117　体操	2117001　教练	3
		2117002　体操人员	3
	2118　滑雪	2118001　教练	3
		2118002　滑雪人员	6
	2119　帆船	2119001　教练	3
		2119002　驾乘人员	3
	2120　划船	2120001　教练	3
		2120002　驾乘人员	3
	2121　泛舟	2121001　教练	3
		2121002　驾乘人员	3
	2122　巧固球	2122001　教练	2
		2122002　巧固球球员	3
	2123　手球	2123001　教练	2
		2123002　手球球员	3
	2124　风浪板	2124001　教练	4
		2124002　驾乘人员	4
	2125　水上摩托车	2125001　教练	4
		2125002　驾乘人员	4
	2126　足球	2126001　教练	2
		2126002　足球球员	4

续表

职业大类	职业	工种	级别
21　职业运动	2127　曲棍球	2127001　教练	2
		2127002　曲棍球球员	5
	2128　冰上曲棍球	2128001　教练	3
		2128002　冰上曲棍球球员	6
	2129　橄榄球	2129001　教练	2
		2129002　橄榄球球员	6

注：若属该表中未列明职业者，依其所从事工作的危险程度比照执行。

附件二

职业病分类和目录（2024）

关于印发《职业病分类和目录》的通知

国卫职健发〔2024〕39号

各省、自治区、直辖市及新疆生产建设兵团卫生健康委、人力资源社会保障厅（局）、疾控局、总工会：

根据《中华人民共和国职业病防治法》有关规定，国家卫生健康委、人力资源社会保障部、国家疾控局、全国总工会联合组织对职业病的分类和目录进行了调整。现将调整后的《职业病分类和目录》印发给你们，自2025年8月1日起实施。2013年12月23日原国家卫生计生委、人力资源社会保障部、原安全监管总局、全国总工会联合印发的《职业病分类和目录》同时废止。

国家卫生健康委
人力资源社会保障部
国家疾控局
全国总工会
2024年12月11日

职业病分类和目录

一、职业性尘肺病及其他呼吸系统疾病

（一）尘肺病

1. 矽肺
2. 煤工尘肺
3. 石墨尘肺
4. 碳黑尘肺
5. 石棉肺
6. 滑石尘肺
7. 水泥尘肺
8. 云母尘肺
9. 陶工尘肺
10. 铝尘肺
11. 电焊工尘肺

12. 铸工尘肺
13. 根据《尘肺病诊断标准》和《尘肺病理诊断标准》可以诊断的其他尘肺病

（二）其他呼吸系统疾病

1. 过敏性肺炎
2. 棉尘病
3. 哮喘
4. 金属及其化合物粉尘肺沉着病（锡、铁、锑、钡及其化合物等）
5. 刺激性化学物所致慢性阻塞性肺疾病
6. 硬金属肺病

二、职业性皮肤病

1. 接触性皮炎
2. 光接触性皮炎
3. 电光性皮炎
4. 黑变病
5. 痤疮
6. 溃疡
7. 化学性皮肤灼伤
8. 白斑
9. 根据《职业性皮肤病的诊断总则》可以诊断的其他职业性皮肤病

三、职业性眼病

1. 化学性眼部灼伤
2. 电光性眼炎
3. 白内障（含三硝基甲苯白内障）

四、职业性耳鼻喉口腔疾病

1. 噪声聋
2. 铬鼻病
3. 牙酸蚀病
4. 爆震聋

五、职业性化学中毒

1. 铅及其化合物中毒（不包括四乙基铅）
2. 汞及其化合物中毒
3. 锰及其化合物中毒
4. 镉及其化合物中毒
5. 铍病
6. 铊及其化合物中毒
7. 钡及其化合物中毒
8. 钒及其化合物中毒

9. 磷及其化合物中毒
10. 砷及其化合物中毒
11. 砷化氢中毒
12. 氯气中毒
13. 二氧化硫中毒
14. 光气中毒
15. 氨中毒
16. 偏二甲基肼中毒
17. 氮氧化合物中毒
18. 一氧化碳中毒
19. 二硫化碳中毒
20. 硫化氢中毒
21. 磷化氢、磷化锌、磷化铝中毒
22. 氟及其无机化合物中毒
23. 氰及腈类化合物中毒
24. 四乙基铅中毒
25. 有机锡中毒
26. 羰基镍中毒
27. 苯中毒
28. 甲苯中毒
29. 二甲苯中毒
30. 正己烷中毒
31. 汽油中毒
32. 一甲胺中毒
33. 有机氟聚合物单体及其热裂解物中毒
34. 二氯乙烷中毒
35. 四氯化碳中毒
36. 氯乙烯中毒
37. 三氯乙烯中毒
38. 氯丙烯中毒
39. 氯丁二烯中毒
40. 苯的氨基及硝基化合物（不包括三硝基甲苯）中毒
41. 三硝基甲苯中毒
42. 甲醇中毒
43. 酚中毒
44. 五氯酚（钠）中毒
45. 甲醛中毒

46. 硫酸二甲酯中毒
47. 丙烯酰胺中毒
48. 二甲基甲酰胺中毒
49. 有机磷中毒
50. 氨基甲酸酯类中毒
51. 杀虫脒中毒
52. 溴甲烷中毒
53. 拟除虫菊酯类中毒
54. 铟及其化合物中毒
55. 溴丙烷中毒
56. 碘甲烷中毒
57. 氯乙酸中毒
58. 环氧乙烷中毒
59. 上述条目未提及的与职业有害因素接触之间存在直接因果联系的其他化学中毒

六、物理因素所致职业病

1. 中暑
2. 减压病
3. 高原病
4. 航空病
5. 手臂振动病
6. 激光所致眼（角膜、晶状体、视网膜）损伤
7. 冻伤

七、职业性放射性疾病

1. 外照射急性放射病
2. 外照射亚急性放射病
3. 外照射慢性放射病
4. 内照射放射病
5. 放射性皮肤疾病
6. 放射性肿瘤（含矿工高氡暴露所致肺癌）
7. 放射性骨损伤
8. 放射性甲状腺疾病
9. 放射性性腺疾病
10. 放射复合伤
11. 放射性白内障
12. 铀及其化合物中毒
13. 根据《职业性放射性疾病诊断标准（总则）》可以诊断的其他放射性损伤

八、职业性传染病

1. 炭疽

2. 森林脑炎

3. 布鲁氏菌病

4. 艾滋病（限于医疗卫生人员及人民警察）

5. 莱姆病

九、职业性肿瘤

1. 石棉所致肺癌、间皮瘤

2. 联苯胺所致膀胱癌

3. 苯所致白血病

4. 氯甲醚、双氯甲醚所致肺癌

5. 砷及其化合物所致肺癌、皮肤癌

6. 氯乙烯所致肝血管肉瘤

7. 焦炉逸散物所致肺癌

8. 六价铬化合物所致肺癌

9. 毛沸石所致肺癌、胸膜间皮瘤

10. 煤焦油、煤焦油沥青、石油沥青所致皮肤癌

11. β－萘胺所致膀胱癌

十、职业性肌肉骨骼疾病

1. 腕管综合征（限于长时间腕部重复作业或用力作业的制造业工人）

2. 滑囊炎（限于井下工人）

十一、职业性精神和行为障碍

1. 创伤后应激障碍（限于参与突发事件处置的人民警察、医疗卫生人员、消防救援等应急救援人员）

十二、其他职业病

1. 金属烟热

2. 股静脉血栓综合征、股动脉闭塞症或淋巴管闭塞症（限于刮研作业人员）

表 6－5　人员速度颜色分布

密度/(人·平方米$^{-1}$)	颜色
>0.963	
0.941～0.963	
0.904～0.941	
0.844～0.904	
0.563～0.844	
<0.563	

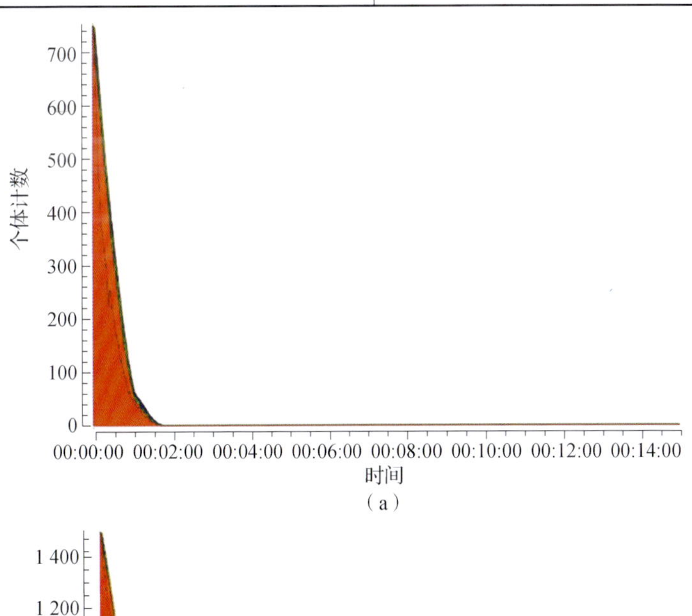

(a)

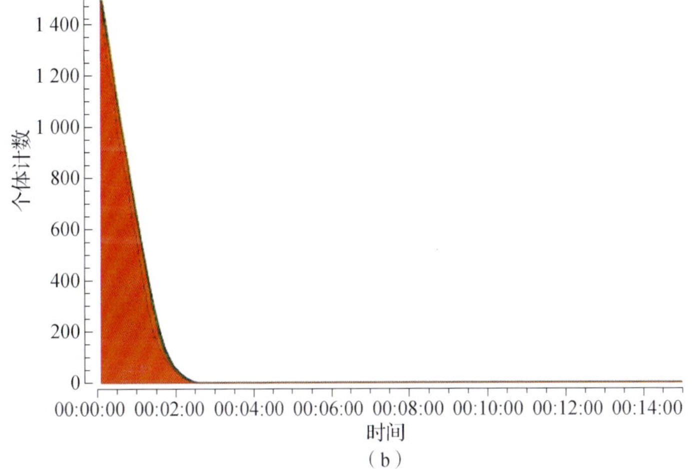

(b)

图 6－7　不同参访人数下的人群行走速度对比

(a) 750 人；(b) 1 500 人

表 6-6　人员密度 A~F 等级

等级	密度/(人·平方米$^{-1}$)	颜色
A	<0. 309	
B	0. 309~0. 431	
C	0. 431~0. 719	
D	0. 719~1. 075	
E	1. 075~2. 174	
F	>2. 174	

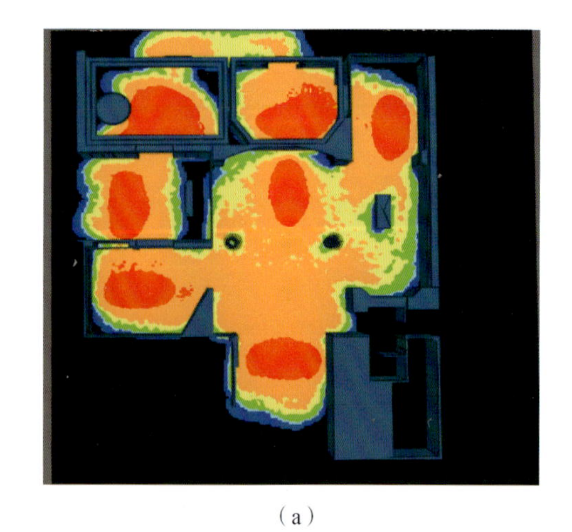

(a)

(b)

图 6-8　不同参访人数下的人群最大密度对比

(a) 750 人；(b) 1 500 人